好好读书

名家给年轻人的读书课

马家辉 阿来 苏童 麦家 著

北京联合出版公司
Beijing United Publishing Co.,Ltd.

目录

《老人与海》

导读：人可以被消灭，但不能被打败 / 002
麦家：从俗世中来，到灵魂中去 / 009

《朗读者》

导读：唯一能使人完整的，是爱 / 020
麦家：灵魂的“拷问者” / 027

《一个陌生女人的来信》

导读：我爱你，与你无关 / 036
麦家：一封长长的信，一个女人痛痛的心 / 043

《红高粱家族》

导读：一个家族的野史，一个瑰丽的文学王国 / 052
麦家：人类灵魂的实验室 / 060

《解密》

导读：最深奥的密码是人心 / 068
麦家：《解密》，我人生中的一块磨刀石 / 076

《包法利夫人》

导读：爱和欲的煎熬 / 084
苏童：一部包含人性弱点的百科全书 / 090

《我弥留之际》

导读：每个人都是一座孤岛 / 098
苏童：死亡到来前，我们要如何更好地活着 / 107

《城堡》

导读：谁不停努力奋斗，谁便会得到解救 / 114
苏童：有一个地方，我们永远无法到达 / 120

《霍乱时期的爱情》

导读：一个力量无穷的爱情故事，一部永恒的杰作 / 126
苏童：爱是一场美好的霍乱 / 134

《黄雀记》

导读：所谓命运，就是半点不由人 / 140
苏童：《黄雀记》与我的香椿树街 / 152

《小王子》

导读：一本足以让人永葆童心的不朽经典 / 158
阿来：在复杂的世界里简单一点 / 164

《寂静的春天》

导读：自然不只需要热爱，还需要敬畏 / 170
阿来：人类保护自然，是为了保护自己 / 178

《光荣与梦想》

导读：这不是一本书，这是一个时代 / 186
阿来：用一种全面的眼光看待世界 / 194

《非洲的笑声》

导读：你们住在天堂，你们知道吗？ / 202
阿来：当理想遭遇现实 / 210

《河上柏影》

导读：留住我们心中的故乡山川 / 218
阿来：在多变的世界里，寻找人性的温暖 / 226

《生命不能承受之轻》

导读：活出生命的厚重感 / 232
马家辉：你解放了，但，又如何 / 240

《麦田里的守望者》

导读：青春的史诗，反抗成人世界的宣言 / 250
马家辉：做一个光明的守望者 / 259

《倾城之恋》

导读：倾覆一座城，只为成全两个人的爱情 / 268
马家辉：哭不出来的哀伤 / 274

《长恨歌》

导读：一个女人 40 年的情与爱，一座城市 40 年的常与变 / 282
马家辉：一场末世繁华的海上旧梦 / 288

《龙头凤尾》

导读：小江湖，大命运 / 298
马家辉：跟你对赌的只有命运 / 306

《老人与海》

每一天都是一个新的日子。走运当然是好。不过我情愿做到分毫不差。这样，运气来的时候，你就有所准备了。

导读：
人可以被消灭，但不能被打败

《老人与海》这本书篇幅很短，英文版原著仅有两万七千余字，翻译成中文也只有四万多字。

故事的主要情节也很简单，全篇围绕着一个老年古巴渔夫——圣地亚哥，他与一条巨大的马林鱼在离海岸很遥远的湾流中搏斗，以及由此展开的故事。

这部小说一经问世，便在国际上引起了强烈的反响，在当时的文学界掀起了一阵“海明威热”。这部小说成为世界文坛上的经典名著，被评为影响历史的百部经典之一，相继获得了1953年美国普利策奖和1954年诺贝尔文学奖。

小说塑造的“硬汉”形象也是深入人心，从这位“硬汉”身上，我们可以看到一种奋斗的人生观：即使面对的是不可征服的大自然，但人仍然可以获得精神上的胜利。也许结果是失败的，但在奋斗的过程中，我们可以看到一个人如何成为一个顶天立地的大丈夫。

故事发生在墨西哥海湾，主人公圣地亚哥是一位孤独的老人，虽然年纪渐大，他依然每天摇着一艘小船在海湾里捕鱼，过着清贫却自给自足的生活。

他的生活里还有一位小男孩——马诺林，他从 5 岁起就跟着圣地亚哥在海上学习捕鱼。

故事一开始就弥漫着悲观的色彩。圣地亚哥已经整整 84 天没有捕到一条鱼了。前 40 天，小男孩马诺林始终陪伴着他，后来，马诺林的父亲就把他叫了回去，安排他到别的船上去了。

书中有很多老人与男孩马诺林的对话，也没有什么精彩的地方。既没有众多的人物、曲折的情节、文采飞扬的语言，也没有离奇、惊险的情绪。

但经典之所以经典，或许有很重要的一点，就是不管是谁读这本书，都会从中窥见自己的影子、自己生活的片段。

在这里不得不提一下海明威在《老人与海》中独特的创作手法。

海明威曾经这样谈论对人物的描写：

“作家写小说应当塑造活的人物。人物不是角色，角色是模仿。如果作家把人物写活了，即使书里没有大角色，但是他的书作为一个整体有可能留传下来；作为一个统一体，作为一部小说，有可能留传下来。”

在他的纪实性作品《午后之死》中，海明威第一次把文学创作比作漂浮在大洋上的冰山，他说：“冰山运动之雄伟壮观，是因为它只有八分之一在水面上。如果一个作家省略的是他所不了解的东西，那只会给他的作品留下空白。”

展露在海面上的仅仅是其一角，但却给人留下了广阔的想象空间。这就是海明威写作上的“冰山理论”。

虽说海明威行文风格惜墨如金、异常简洁，但他从不吝啬对细节的精雕细琢，他是在“刻画人物”，这也是他所说的那八分之一留在水面上的冰山。这一点我们从对圣地亚哥外貌的描绘，就能够深刻地感受到了。

书中是这样描写的：圣地亚哥脖颈后几道深深的沟壑、两腮的褐色斑块，他那双因为长年拉网而被勒出疤痕的双手，他那双像海水一样蔚蓝的、透露出年轻气息的眼睛……

诸如此类对老人样貌的描写，加上他和小男孩对话时的语言、语气，都是海明威手中的刀，在一丝丝地刻画出圣地亚哥这个人物。

海明威曾说过，在这部作品里，他想要写的是“一个真正的老人，一个真正的孩子，真正的大海，一条真正的鱼和许多真正的鲨鱼”。

为此，他采用了自然纪录片式的情节递进与叙事手法，弱化村庄和人群的模样，聚焦出海和捕鱼的过程，并不惜笔墨、极为详细地描绘了一名渔夫是怎样在海上捕鱼，又是怎样看待他们赖以生存的大海。

在这些文字里，人和自然开始有了交流和沟通，彼此互相牵制，又因此而呈现出和谐的状态。海明威对自然有关注、有热爱、有赞美，但也有征服。只是圣地亚哥对自然的征服，更多的是从精神层面出发的。

让我们回到故事中来。

太阳火辣辣地照射着老人，今天已经是第 85 天了，在空手而归那么多天后，老人终于钓到了鱼。通过鱼儿所处的深度和当时的月份，老人知道这肯定是条大鱼。

但一切并没有那么顺利。大鱼自顾自地慢慢游开，老人一丁点儿都拽不动它。老人钓到大鱼时是中午时分，但一直到夜里，他仍然没有看到对手的模样和大小。

第二天天刚微亮时，老人摸黑干活。大鱼却突然顿了一下，巨大的拉力扯得他脸朝下摔在船板上，眼眶一下子被划了一个口子，鲜血顺着面颊流下来。

“它能撑多久我就能撑多久。”老人这么告诉自己。

在这里，海明威使用了一种叫作“内心世界外化”的写作手法，通过人物的动作、语言、表情等外部表现，暗示人物的内心世界。

在和大鱼折腾了好几个小时之后，老人的左手抽筋了，而战斗却还未正式拉开序幕……

过了一会儿，圣地亚哥的右手感觉到绳子上的拉力和之前不一样了，鱼浮了起来。它一点一点地往上冒，海水从它的两侧往外泄。在阳光的照耀下，它显得光彩夺目，镰刀般的大尾巴没入水中。

老人几乎要累坏了，在一望无际的海面上，看不到陆地，看不到别的船只，只有自己一个人，光是这种孤独就可以将人击败。

在老人第三次看到太阳冉冉升起的时候，大鱼的体力似乎也已经到了极限，开始在海上绕圈。这时的圣地亚哥双手磨得鲜血淋漓，眼睛昏花，他调动起自己所有的气力，再一次提起精神去对付大鱼猛烈的垂死挣扎。

老人终于制伏了大鱼，但战斗并没有结束，他还需要考虑如何带着大鱼返回到遥远的海岸，以及更多难以预测的情况。

小船无法装下大鱼，于是老人把它捆绑固定在小船上，然后撑起桅杆，扬帆回家。

他们在夜晚的海面上慢慢航行着，直到突然出现了一条鲨鱼，开始攻击大鱼。

鲨鱼的出现并不是意外事件。大马林鱼流出的鲜血扩散到一英里深的海水里，鲨鱼闻血而动，从深处浮了上来。追寻着血腥味，它顺着小船和鱼的航线一直往前追。

鲨鱼一赶上小船，就急不可耐地扑向船艄去咬大鱼。老人迅速而有力地把准备好的鱼叉捣进鲨鱼的脑袋，使出全身力气将鱼叉往里捅。鲨鱼在海面上翻转了几次，眼睛已经没有了生气。是的，它死了。

微风徐徐地吹着，一切都显得那么安宁，然而这难得的静谧却是灾难降临的前奏。

鲨鱼又来了！

圣地亚哥大叫了一声，他看到了一条“大花皮”，而后是第二条。一看到鲨鱼，老人就探出身子，从船边攮了它一刀，可惜只捅到鲨鱼厚实的皮肉，刀子却没有进去，鲨鱼挂在大鱼上不肯松口，老人把桨叶插进鲨鱼上下颌中间，转动了几下，鲨鱼的嘴被撬开了。

阶段性取得了胜利，但是战斗远远没有结束，老人知道还会有更多的鲨鱼。

圣地亚哥是最好的渔夫，几十年叱咤海洋的经历，让他拥有娴熟的捕鱼技能，以及对付鲨鱼的方式。但是每个人都会有局限，再聪明能干的人，也总会达到限度，碰触到自己的天花板。

老人持续 84 天没有捕到鱼，这是他的限度。但是他并没有沮丧和倦怠，而是继续出海向极限挑战。

这场战斗如此持久，胜负好像早早就预示了，但老人却用自己的努力，一次又一次地反败为胜，而后继续战斗。

之后果然又碰到了鲨鱼，在与鲨鱼较量的时候，太阳西落了，天马上就要黑了，老人知道自己离海滩应该不远了。

圣地亚哥不想再看大鱼，他知道有一半的鱼肉都被鲨鱼糟蹋了。

大概夜里 10 点，他终于看到了小镇灯光映在天际的反光。他全身又僵又疼，伤口在寒夜里冻得疼痛万分。他真希望自己可以不用再打了。

但到了半夜，他又开打了。只是这一回，无论他怎么打都没有用了。

一群鲨鱼围住小船和大鱼。老人使出最后的气力战斗，可鲨鱼们还是吃光了鱼肉，离开了。老人累得喘不过气来，嘴里似乎出了血。

他知道自己最后还是被打败了，一败涂地。他把小船调回原来的航道，用心地驾着船，驶回家乡的港口。

他终于回到了自己的小棚屋，喝了口水，拉开毯子盖住一部分身体，睡着了。

第二天上午，男孩来到老人的小棚屋时，圣地亚哥还在睡觉。看见老人还在呼吸，又看到了他的手掌，男孩哭了起来，蹑手蹑脚地出了门。

很多渔夫围着小船，有一个卷起裤脚站在水里，丈量着鱼骨架的长度。和所有人对话时，他都要补上一句："谁也别去烦圣地亚哥。"

老人终于醒了，接过男孩手中的咖啡时，他说："它们打败了我，真的打败了我。"

马诺林回应道："那条鱼可没有打败你。"

"它确实没有，是后来发生的事打败了我。"

午后，来到露台上的游客，被庞大的白色鱼脊骨、高高耸起的巨大尾巴吸引了注意力，在一边的侍从打算给他们解释发生了什么事。

而小棚屋里，老人又睡着了，小男孩坐在旁边守着他。老人脸朝下趴着，正在梦见那些狮子。

故事到这里，就结束了。

"生活不是拉锯，是抵抗之后的节节败退。明知要输，但不肯投降。因为这抵抗就是我们要完成的功课本身。"

我想，这段话用来形容老人与海的故事，最恰当不过了。

圣地亚哥是一个了不起的老人，也是一个失败了的英雄。他是硬汉，但无疑，他仍然失败了。

那么，老人他到底是不是失败了呢？那些努力地活着的人，好像依然不能过上令人顺心的好日子，他们是否也是一败涂地呢？

王小波曾经写过一篇文章，里面也探讨了这个问题。

他说："什么叫失败？也许可以说，人去做一件事情，没有达到预期的目的，这就是失败。

"但是，那些与命运斗争的人，那些做接近自己限度的斗争的人，却天生地接近这种失败。"

圣地亚哥正是这样的人。他不断地去接近自己的限度，因此，看起来也不断地在失败。

“只有那些安于自己限度之内的生活的人，才总是‘胜利’，这种‘胜利者’之所以常胜不败，只是因为他的对手是早已降伏的，或者说，他根本没有投入斗争。”

其实，在人生这条漫长的道路上，真正的失败应该是：“人失去了继续斗争的信心，放下了手中的武器。人类向限度屈服，这才是真正的失败。而没有放下手中武器，还在继续斗争，继续向限度挑战的人并没有失败。”

老人并没有失败，因为他从来没有放下过武器，不曾投降。哪怕命运让他的武器一而再再而三地失去，他也从不认输。

他什么也没有得到，除了疼痛。但他战斗到了最后的时刻，他总是怀着满腔勇气和信心走向神秘莫测的大海，他的信心是不可战胜的。

《老人与海》这本书，这个故事，表面上只是讲述了一个老渔夫的故事，但这个故事，却揭示了人类共同的命运。

我们佩服老人，他的勇气，他不屈不挠的斗争精神，也应该佩服所有在人生道路上不断搏击、为了生活永远不妥协、每一天都在努力的人们，每一个你，和我。

人可以被消灭，但不能被打败。

麦家：
从俗世中来，到灵魂中去

首先来给大家介绍一下海明威，美国人。我印象中，他出生在芝加哥市郊区的一个小镇——奥克帕克。他的出生时间很好记，因为很特别，是 19 世纪的最后一年，1899 年。这一年似乎是“作家年”，在这一年出生了很多作家：博尔赫斯、纳博科夫、阿斯图里亚斯（危地马拉，1967 年诺奖得主）、希区柯克、老舍、闻一多等。他们都是海明威的同龄人，而且都独树一帜，写出了脍炙人口的作品。

作为作家，大多数人的一生都很平淡，甚至很无趣。尤其跟海明威比，即便在银幕上出尽风头、银幕下绯闻迭出的希区柯克，也黯然失色。海明威的一生充满传奇，他的身影、脚印一点也不比他的作品逊色。他当过记者，打过仗，打过拳击，做过间谍。他是一个非常爱冒险的人，喜欢旅行，喜欢狩猎——经常去非洲狩猎，喜欢去大海里钓鱼，也喜欢女人。

他结过四次婚，另有一个女情人死在他在哈瓦那庄园的游泳池里。也就是说，至少有五个公开的女人很深刻地陪伴过他，至于其他秘密的女人就不知道了，但一定不会少。在他的世界观里，女人也许也是猎物，可以尽兴去追，不必顾忌太多。13 岁，在我们和女同学楚河汉界隔海相望的年纪里，他已经偷吃“禁果”；17 岁和一个 30 多岁的有夫之妇幽会频频；他的第一任妻子比他大 8 岁；他的第二任妻子为把他留在身边，以死相胁，却依然留不住他；他还把妻子女友发展为情人，过起“三人家庭”等等这些，都非常人所为，就像他身体里藏着 200 多片弹片一样让人惊叹。

这就是海明威，一个非常有个性，生活非常丰富，经历也非常传奇的人，一个特立独行的人。他死的方式也很特别——自杀，用他经常去非洲狩猎的猎枪，吞着枪管，把自己崩掉，时年 62 岁。

海明威一生当中写过很多部作品，他的《老人与海》是一部严格的中篇小说。作为中篇小说，我印象中有几部中篇小说，堪称世界一流的一流，比如加缪的《局外人》，马尔克斯的《一桩事先张扬的谋杀案》，陀思妥耶夫斯基的《地下室手记》，卡夫卡的《地洞》，博尔赫斯的《交叉小径的花园》（有人译为《小径分岔的花园》），鲁迅的《阿 Q 正传》等。总之，中篇小说很多，但真正能够被大众广泛阅读、传播的作品，其实并不多，而《老人与海》必是不多的中篇小说之一，因为这部小说太宽大了，宽大到可以把一个世界浓缩地装下。

小说的人物关系、故事都非常简单，甚至可以说只有两个人物：一个是老人，一个是小孩；然后是两条鱼：一条是巨大的、硕大无比的马林鱼，另一条是鲨鱼，一群鲨鱼。整个故事其实写的是，一个 84 天都没捕到一条鱼的运气很背的老人去大海里捕鱼，很意外，捕到了一条硕大无比的马林鱼，他的运气似乎来了。但是没想到，在捕鱼回来的途中，遇到了鲨鱼，一群鲨鱼。鲨鱼闻到了血腥味，开始掠夺这条老人千辛万苦钓上来的大鱼。当老人回到他的村庄的时候，这条硕大无比的鱼只剩下一副鱼骨头，鱼身上的肉都被鲨鱼掠夺完了。

故事就这么简单，讲的是一个老人捕鱼的经历，这个老人叫圣地亚哥。

另外一个人物，是那个小孩，叫马诺林；他其实出现得并不多，只在开始时出现了一下。用中国人的话可以说，他是老人的徒弟。在师傅与鲨鱼搏斗的过程中，徒弟是缺席的。

这么简单的故事，这么简单的人物关系，简单到不能再简单，再简单就只剩下大海的涛声了，但海明威却写出了非常精深、非常博大、非常奇异的内容；是平地拔楼的奇妙，是以一当百的意味深长。

我已经忘记了，第一次读这部小说的具体时间，我甚至都忘记了第一次阅读的感受，因为我曾多次读过它。最近一次应该是三个月前，有一天，我闲来无事，偶然地看到了书架上的《老人与海》，像看到一张老照片，忍不住又捧起它。我现在依然印象很深，那次阅读给我的感受依然非常震撼的。它并没有因为被我读过多次而减淡对我的冲击，并没有因为故事简单而让我感到单薄，恰恰是这种简单中呈现的那种丰富、博大，让我备感震惊。大师就是大师，毫无疑问，《老人与海》是一部大师的作品。

大师是写出来的，更是想出来的。据我所知，《老人与海》写于 1951 年，是海明威在古巴哈瓦那的庄园里写的，写完这部小说是 1952 年。但故事中的老人，却很早就在海明威的心里酝酿了。

海明威在 1936 年写过一篇散文——《海湾深处》，文章里就谈到了这个老人。故事是一个老人，去大海里捕鱼，捕到了一条大鱼，然后被鲨鱼掠夺完。在那篇散文里面，他已经把这个故事的雏形表达过了。也就是说，从 1936 年到 1951 年，长达 15 年，我们可以想象，这个故事和这个人物一直盘踞在作家心里。他一直在思考它，一直在和它相处，陪伴它，像亲人一样。一方面是在培育感情；另一方面，我想，作家也在寻找怎样切入，怎样把这篇散文变成一部小说。

毫无疑问，那篇散文比较轻薄，它只是对真人真事的回忆，现在他要把这篇散文变成一部小说，他就要加入虚构，加入作者对人生、对世界的看法。散文、杂文，很多时候着眼处比较小，它求的是真；而小说，它着眼处往往是大的，它虽然用的是一些虚构的东西，但表达出来是更宽广的真实、更博大的精深丰富。它有一点“从一到二、从二生三”的意味，要有这种艺术效果，从白天能够想到黑夜，从大海要想到人世、人生，想到人类的过去、现在、未来。

他要把这个老人的故事变成我们的故事，我们大家的故事，人类的故事。我们在阅读这个故事时，不仅仅是猎奇，欣赏别人的一次人生、一个故事；它也是我们的人生、我们的故事。这是小说的魅力所在，也是它的难度所在：小说里面要装进我们的人生，或者说读者的人生，这是对小说家巨大的考验。

海明威绝对经受住了这种考验，他通过《老人与海》和我们紧紧地拥抱了。这部小说一经出版就得到了广泛赞誉，包括彼此不怎么友好的福克纳都忍不住发话，不吝赞词，说：“这是他最优秀的作品。时间会显示这是我们当中任何一个人（我指的是他和我的同时代人）所能写出的最优秀的单篇作品。这一次，他发现了上帝，发现了一个造物主。”不久，即两年后的 1954 年，因为《老人与海》，海明威得了诺贝尔文学奖。

前面讲到过，《老人与海》中人物关系非常简单，故事也非常简单。但是这部小说出版以后，大家对它的评价非常多，多到什么程度呢？有点像《红楼梦》。关于对这部小说的评价、探讨、解释等，一系列的文章远远多于小说文本本身，不是多一倍，至少是多上百甚至上千倍。虽然各人有各人的看法，但大家都有一个一致的观点，就是：这是一篇充满寓意、充满象征的寓言小说。

那么这个老人象征的是什么？这个小孩象征的是什么？那条硕大无比的马林鱼，象征着什么？还有那群鲨鱼又象征着什么？这是小说出版以后，文学界、评论家、读者广泛关注和探讨的一个话题，以至于海明威本人都烦了。因为说法实在太多，众说纷纭，莫衷一是。有一次，海明威在接受一位记者的采访中有点生气地说："没有什么象征，大海就是大海，老人就是老人，小孩就是小孩，唯一鲨鱼是有象征的，象征着什么呢？象征那些讨厌的评论家。"

这当然是带着一些情绪的说法，事实上，我们无法回避这部小说具有的象征意义，如果没有象征，没有寓意，这部小说就太苍白了。这部小说之所以被大家喜欢，被人们津津乐道，正是因为小说里面充满了象征和隐喻，它把人的困境、绝境、希望，人和大自然的关系，人和人的关系，人和自己的关系，人类的命运、孤独、奋斗、不屈，包括人与人之间的温情、怜悯，都放进去了。

这就是一个大师的手笔，貌似简单，其实无比充盈丰沛。

从比较专业的角度来看这部小说：首先我觉得它有一种美，它有一种奇异的、让人不可抗拒的美，这种美它首先体现在语言上。大家知道，至少熟悉海明威的读者知道，他的语言非常简练，修辞非常简洁，简练明快，同时又非常结实有力。有人说，海明威是用一种电报式的语言在进行文学创作。本来文学是华丽的、斑斓的，但他居然用一种非常简洁、明快，像电报一样简单的语言来表达一个文学的世界，这就是海明威的博大之处，感觉他是捆了自己在跟人搏击，又赢了对方。

其实，《老人与海》是海明威几乎在生命末端的作品，但他的写作风格从刚出道时就已经基本上确立了，就是那种简洁有力、明快干净的风格。但这种简洁绝对不是简单，它的简洁里有非常丰饶的东西、非常博大的东西，像宽广的草原、辽阔的天空。他的写作充满着隐喻和象征，也因此而直达根底，直指人心。

作为一部文学作品，语言当然是重要的。但语言也是一部作品最表面的东西，像我们的衣服，或者皮肤，让人一目了然，一下子领略到这部小说的文学含量。但是我又要说，语言——皮肤不是心脏，不是血液，不是一部小说最重要的东西。比语言重要的是人物塑造。人物怎么塑造？人物靠情节来塑造。情节怎么推进？这部小说情节非常简单，怎样把人物塑造出来，这确实是一个巨大的挑战。

怎样在一个情节非常简单的故事当中，把一个人物丰富的内心烘托出来、塑造出来？同时这个人要肩负人类代表的职责，这对作家绝对是最大的考验。很多作家做不到，海明威做到了，靠的是他对人性的了解，对小说材质的精挑细选，对小说精神的精准把握。

小说和诗歌不一样，诗歌是在生活之上的，小说是在生活之里的。换句话说，诗歌是精灵，不要具象的生活底子；小说是飞鸟、天空、大地、村庄、炊烟、山川河流，必须要装进很多东西。小说的难度是既在生活之里又要跳出去。为什么我说它是飞鸟，就是要高于生活，从俗世中来，到灵魂中去。烂小说就是一只土鸡，撕破喉咙叫，也只有邻居听得到。好小说必须要从大地上飞起来，上天，鸟瞰，它看得到我们，我们也看得到它。飞得越高，看到得越多。麻雀和大雁、苍鹰高度不一样，视野也完全不一样。《老人与海》无疑是一只苍鹰，用麻雀的羽毛是无论如何也长不出一对苍鹰的翅膀的。

那么《老人与海》是怎么成为一只苍鹰的？它用的材料那么少，是怎么造出那么强大而灵活的一对翅膀的？看小说，你会发现它有个非常大的特点，老人的心理活动非常丰富。他的心理活动是靠自言自语和内心的思绪来表达的。这个老人的心理活动在小说里面占比很大。我们想象一下，如果把老人的心理活动抽掉，这部小说就会变得非常单薄，因为它没有人物关系，甚至都不能构成对话。没有跟他对话的人，他只能跟自己对话，跟大海、天空、乌云、鲨鱼对话。

写人与人的对话，是比较简单的；写人与自己的对话，人与大自然的对话，这肯定比与他人对话要难。跟他人对话，是有来有去，有回路的；跟自己对话，像对镜子说话，写不好就成疯子了，写得好就成大师了；他说的我们听得句句在理，他道出的是我们大家的心声。海明威在这方面绝对是大师，他靠一个沧桑老人的自言自语，把人世的沧桑道个彻底。这既需要一个作家的见识，也需要一个作家的艺术，需要精心推敲、设计。

大家知道，海明威一直是以塑造硬汉著称的，但在这部小说里，老人圣地亚哥一出场，你就发现他不是一个“硬汉”的角色。他是个倒霉蛋，失败的角色，84天没钓到鱼，连马诺林的家长都把他抛弃了，马诺林很同情他。

小说一开始就是老人和小孩之间简单的铺陈，因为老人运气很背，连续84天钓不到一条鱼，小孩的父母不允许他跟师傅一块儿出海，孩子很同情他。一个孩子都同情的老人，他内心当然是非常落寞的。正因为落寞，所以小孩对他的关心就显得更加温情脉脉。温情，是这部小说开始就垫下的底色。海明威为什么把温情作为小说的一个底色？因为这部小说真正的敌人是大自然，在大自然面前，人类是弱小的、无助的，我们需要互相关心、关怀，需要手牵手、心连心。对人的怜悯，通过小孩对老人的同情、关心，四两拨千斤地暗藏在了小说的芯子、底部，也为后来我们同情和爱上这个老人埋下了伏笔。

小说开始节奏非常舒缓，老人内心也很灰暗，但他没有灰心，照样带着希望出海。希望在某个时刻实现了，一条从未见过的大鱼成了胜利果实；硕果引来了一群贪婪的鲨鱼，斗争随之开始，小说的节奏也随之加快。斗争那么惨烈，鲨鱼成群结队而来，向孤独的老人发起一轮轮攻击；老人那么值得人同情，没有武器，没有帮手，没有粮食；他只有一颗不认输的心，在任何情况下都不放弃与鲨鱼搏击，不放弃人的尊严，不放弃他的希望。海明威设计了种种条件，轮番上阵，让老人去完成一个人类伟大的任务：你可以把我毁灭、杀死，但你不能把我打败。

这是小说最精彩的一句话，也是后来被广为流传的一句话，是小说的“画龙之睛”。它道出的是人类共同的心声，象征的是人类共同的命运：我们可以一无所有，但不能没有希望，不能失去斗志。整部小说充满了象征和隐喻，毫无疑义，老人圣地亚哥象征的就是一个英雄，他在大自然面前，不屈不挠，顽强拼搏，用超人的毅力和意志战胜千难万险，塑造人类的伟大和尊严。

那么马林鱼象征什么？它象征着人的梦想，人对自己美好生活的一种追求；在追求的过程当中，可能是充满坎坷的，但你不能放弃。正如老人圣地亚哥一样，他在 84 天一无所获的情况下，依然不放弃，于是有了第 85 天，和那条硕大无比的马林鱼的相遇。马林鱼的出现，是小说的一个小高潮，如果小说就此结束：老人拖着一条罕见的大鱼回到村里，像战士戴着勋章从战场回到故乡，人圆梦圆，皆大欢喜，这会是一部浪漫主义的作品。浪漫主义是戏剧的、甜蜜的，同时也不免是轻薄的。这是 18、19 世纪文学的主流，到了 20 世纪文学已经从宗教中独立出来，不甘于简单地劝人向善，它要挖掘人性，把人放到火上烤，丢进油锅里煎，于是鲨鱼出现了。

那么鲨鱼象征什么？当然不是评论家，虽然有些评论家确实也有鲨鱼的嘴脸和手段，鲨鱼就是敌人，是对手，是一个捣蛋鬼，象征着我们生活当中的一些不可知的灾难，一种破坏力，一种恶势力，是我们生活中的阴暗面，是我们追求幸福的绊脚石。人类发展经受的苦难比海深，就是因为大海里四处潜伏着险恶的鲨鱼，有时我们也是自己的鲨鱼。同时，鲨鱼也是塑造我们人类强大的一个道具，如果没有鲨鱼，老人伟悍的一面也就没了支撑。

我想，前面的那几个象征，或者隐喻，大部分读者都能够领略到。但这里面有一个象征，有一个意象，有些读者可能会忽略掉，那就是狮子，那只经常出现在老人梦中的狮子——包括小说最后，老人拖着疲倦的身体，回了家，上了床，很快就睡着，然后做了一个梦，在这个梦里，依然出现了狮子。

这只狮子毫无疑问是具有象征意义的。它到底象征着什么？已有很多的解读。我个人觉得，它象征的是一种精神上的信仰。如果说马林鱼象征的是一种现实中的美好的东西，它是物质层面的，那么狮子就是精神层面的。狮子，是一种精神，是一个人在走向梦想的过程中不可或缺的一种力量。没有这种力量，你不可能收获美好，因为人世就是这样，人生多险，命运多舛，我们必须要让内心有一个不变的东西，坚定的东西，梦想的东西，因为梦想而不止步，不屈服，敢抗争，勇拼搏。什么是梦想？全世界的黑暗也灭不掉一豆烛光，是这种信念和追求。我觉得，狮子就是这样的梦想，是放在我们精神深处的一种力量的象征，一种打不败的雄心壮志。

总而言之，正如王小波讲的："《老人与海》讲的是一个老渔夫的故事，但是在这个故事里面，却揭示了人类共同的命运，我佩服老人的勇气，佩服他的不屈不挠的斗争精神，也佩服海明威。"好的小说就是这样，用虚构出来的一些特殊的故事，反映人类普遍的精神；虚构不是虚假，而是更宽广深厚的真实。

《朗读者》

当我们敞开心扉时，我们合二为一。当我们沉浸时，你中有我，我中有你。当我们消失时，你在我心里，我在你心里。这之后，我是我，你是你。

导读：
唯一能使人完整的，是爱

《朗读者》是“首本登上《纽约时报》畅销排行冠军的德国小说”，它曾被翻译成20多种语言在全世界热销。

作者本哈德·施林克认为《朗读者》所讲述的“是他那一代人的主题”。他把自己的经历、幻想都投入其中，借助书中主人公米夏和汉娜的故事探讨具有普适性的主题——尊严、人性、爱，最后成就了这部内涵深刻的畅销书。

故事的开始：米夏·伯格在15岁这年秋天患上了黄疸病。就算医疗发达的现在，这也是一种非常折磨人的病。

这天米夏·伯格又经历了一阵呕吐，嘴里发苦，眼前发黑，虚弱得即将瘫软在地，就在此时，一只坚实有力的胳膊伸了过来扶住他。那是一只女人的胳膊，还带着新鲜的汗味——这让米夏感到安心，他向往这样健康自信的身体。

于米夏而言，初次邂逅不仅不美好，回想起来更有些难堪的意味。毕竟，谁希望与人初次见面就被瞧见自己的丑态呢？

米夏病愈已经是次年2月的事情了。他买了一束鲜花，想对这个帮助过他的女人道谢。米夏正式见到这位施密茨太太的时候，她正在房间里熨烫衣物。披肩的金发，裸露出的雪白手臂，动作舒缓又专注，米夏将这个画面印刻在脑海中，久久不忘。

一个星期之后，他又来到了施密茨太太的门前——尽管没有任何理由。施密茨太太却对米夏的到来并不感到讶异。她只是语气平淡地拜托米夏帮她干些杂活。

这个情窦初开的毛头小子自然乐意效劳。为了显示自己的卖力，他把自己搞成了一个花猫脸。施密茨太太看见他的模样，笑了起来。她便提议让米夏洗个澡再回家去。

米夏红着脸蛋在澡盆里搓洗自己的身体，他似乎也对接下来发生的事情有预感。当他终于清洗干净的时候，施密茨太太拿着一块大浴巾走了进来。她用浴巾包裹住这少年的身体，为他擦干。末了，她说："你是为这事到我这儿来的吧。"她抱住米夏，语气轻柔，却透着十足的肯定。

米夏手足无措，却听见施密茨太太的笑声。"小家伙！"她这样称呼他，没有丝毫的羞涩。米夏与她只见过两回，甚至还不知道她的全名，但这又有什么关系呢？他们很快陷入热恋之中，更准确的说法应该是，米夏一头扎进了这场恋爱中。

少年米夏逃课、撒谎，只为每天能跑到施密茨太太的家里去幽会。有一次，米夏终于忍不住，问她："你叫什么名字？"施密茨太太终于告诉米夏她的名字——汉娜。她又问米夏："那你叫什么？"

这问题有些奇怪，他的书本与文具都放在汉娜厨房的桌子上，那些书上面都贴着标签，写着"米夏·伯格"的字样，她怎么能视而不见呢？但他没有把疑问说出来，而是回答了汉娜的问题："我叫米夏·伯格。"

在这部分的内容中，作者用大量的篇幅来描写米夏与汉娜之间的温存。但也是从这里开始，狡猾的作者便开始埋下许多伏笔，留给细心的读者来一一探索。

后来，他们吵架了，起因是米夏不珍惜读书的机会，汉娜听闻此事，大发雷霆，把米夏赶出了她的房间。之后他们又和好，感情甚至因此而略有升温。

汉娜突然喜欢上听人朗读。每当米夏与她在一起时，她就要求米夏为她朗读一段文字，从《荷马史诗》到《老人与海》，汉娜并不挑剔作品。

复活节假期到来时，米夏带着汉娜骑车游玩。在旅馆中两人又一次吵架，仅仅是因为一张小纸条引起的误会。

而本哈德·施林克的高明之处就在于，他在这些琐碎的细节中已经说明了自己想要表达的内容——汉娜的秘密。这个秘密其实并不难猜，然而深陷其中的米夏一次又一次地错过了那些显而易见的线索。

作者用了近三分之一的篇幅来描写米夏与汉娜之间的日常生活，其中不得不提的就是，他使用了大量的对于气味的描述，不止一次地提及汉娜身上带有肥皂的清香与女人特有的馨香，那种味道让米夏记忆深刻。这些描述让两人之间的相处更增添了暧昧与情欲的气息。

嗅觉所储存的记忆远比我们所想象的要深刻得多，许多已模糊的记忆片段会在我们再次闻到相同气味时复苏。

尽管作者自己不把本书当作是一部爱情小说，但对于读者而言，当我们读到这里就会有一个念头：即便作者在后半部分想要表达的主旨几乎与爱情毫无瓜葛，《朗读者》依旧会是一部爱情小说。并且，它首先就是一部爱情小说。

到目前为止，全书都是围绕着主人公米夏与汉娜之间的爱情展开的。这反而更像是一本米夏的日记本，里面记录着这段爱情启蒙的种种美好。

但真正让本书畅销并经久不衰的原因自然不会如此简单。我们来看本书的第二部分，这也是全书情节大转折的地方。

当米夏进入新学期、新班级之时，他不再围绕汉娜转圈，开始有了新的爱好，和同龄人之间的相处让他感到更快乐。

与此同时，汉娜的行为也逐渐变得古怪。她时而反复无常，时而盛气凌人，像是处于某种高压之下。

两个人冷战、僵持，关系开始降温。就在这时候，汉娜离开了。

这个离开是真正意义上的离开。因为从那天起，米夏再也没看见过汉娜。她把房子退了，工作辞了，就像人间蒸发一般。

很多年后，当米夏作为一名法学生来到法庭观摩一场涉嫌纳粹集中营罪行的审判时，他在被告席中捕捉到了熟悉的身影，曾让他魂牵梦萦的人——汉娜。

接下来的故事情节紧紧围绕着对汉娜的审判而进行。

整场审判是针对汉娜和其他四名集中营的看守所犯下的罪行。她们在囚犯转移的途中把犹太人囚禁在一座乡间教堂里。当遭遇轰炸时，她们并没有打开大门拯救这些人的生命。从某种意义上说，她们杀死了这些犹太人。

随着一次又一次的开庭辩护，米夏也逐渐把汉娜消失后的踪迹拼凑出来，他将所有的线索串联起来，终于明白了汉娜频繁更换工作并辗转各地的原因——她想隐瞒自己是个文盲的秘密。

他也理解了汉娜宁愿承认罪责也不愿意写字让专家对比笔迹的荒诞行径，也明白了为何她总是在法庭上做出异于常人的举动，汉娜的秘密居然如此简单——她是个文盲，仅此而已。

我们可能无法理解，因为在我们的价值观中，犯罪是远比文盲严重得多的恶。然而对于汉娜而言，她加入了党卫队，看守犹太人就成了她的职责。她所做的只是忠于职守罢了。但文盲这个秘密却是汉娜拼死捍卫的尊严，所以在法庭上她选择了沉默。

在明白汉娜的秘密之后，米夏认为自己从一个旁观者突然变成了一个参与者。因为他也有罪，爱上一个罪犯使他罪责难逃。

他去了法国的施图霍夫集中营，里面有焚尸炉，还有单人牢房。接着，他又去附近的纪念碑旁，站在那儿俯瞰营房。他决定用事实驱散想象的陈词滥调。

从集中营回来以后，米夏跑到审判长那儿，把汉娜一字不识这件事告诉了他。他希望能为汉娜获得减刑。但汉娜还是被判终身监禁。

到此为止，围绕对汉娜的审判而进行的第三部分的故事也告一段落。

在一次又一次律师与法官的交锋中，我们能看出作者对于第二次世界大战的态度。

“法官和陪审团也在日复一日的陈述中变得麻木。一开始，当他们听见有关集中营的陈述时，还能露出惊恐和义愤填膺的模样，后来，他们的面部表情不再波动，甚至会露出微笑和交头接耳。”

作者笔下这段关于审判过程的描写极为露骨又颇具讽刺意味。

而集中营的看守们呢，他们对死亡早已熟视无睹，他们谈论自己的行径宛如在诉说一个不相关的人的生死。

这种铺天盖地的麻木不仁萦绕在所有人身上。然而忘记历史，又怎么能过好现在，畅想未来呢？唯有铭记，才能提醒自己不再犯错啊。

接下来，我们来看故事的最后一部分。

审判结束后，米夏也结束了他的学业并顺利当上候补文官。同时，他结婚了。

这本该是幸福的生活，米夏却总是把他的妻子和汉娜做比较。他觉得妻子味道不对。他想摆脱脑海中的汉娜，可那种感觉却从不消失。这样煎熬了几年，他们还是离婚了。

米夏在此后的一段时间里寻寻觅觅，然而他所寻找到的女人不是看起来像汉娜，就是摸起来、碰起来像她，或者是气味相像。他无法摆脱汉娜。

此后米夏经常辗转难眠。每当这时，他就拿起一本书高声朗读。他的脑子里充斥着回忆和梦幻，最后出现的总是汉娜的一幅幅剪影。

他决定索性再次为汉娜朗读。他把自己的朗读用磁带录下来。他花了几个月给汉娜录制了《奥德赛》和一些契诃夫的短篇小说，然后把排列整齐的录音磁带和一台录放两用机用邮包寄过去。

起初，他读一些自己喜欢的文学作品，后来是一些实验文学，再然后变成了米夏自己写的作品。他把自己的一切力量，全部创造力，所有带有批判性的想象力，全都捆绑在一起出庭，而汉娜就是审判这一切的法庭。

命运是如此神奇，兜兜转转间又让米夏成了汉娜的“朗读者”。而这一次，米夏不单纯是个“朗读者”，他的声音促成了汉娜的觉醒。

汉娜开始学习写字了。在米夏坚持寄录音的第四年，监狱里传回了一纸问候：“小家伙，上一个故事特别好！谢谢！汉娜。”

之后，米夏就不断收到她的来信。但他却不回信，而是一直朗读。米夏相信朗读就是他同汉娜交流的一种方式。他也从不去探望汉娜。

直到汉娜将被释放的前一星期，米夏才真正去监狱探望了汉娜。

米夏在一块草坪上见到了她。她满脸皱纹，满身臃肿。她身上有一种老女人的体臭，像是米夏曾在老祖母、外婆和老姑妈身上闻见过的气味。米夏倏然回想起初次相识时汉娜的味道，像是水果般清新的气味。他感到一阵失望。

这次重逢让两人都觉得尴尬，所幸时间不长，等监狱的铃声响起，他们就互相道别。就是这一次的道别，成了他们之间的永别。

就在出狱的当天早晨，汉娜上吊自杀了。

监狱长领着米夏去汉娜的单人牢房里收拾遗物。她的书架上摆着一些书，都是和集中营有关的，还有两本关于纳粹罪行的报告。

米夏遵从汉娜的遗嘱，把汉娜生前攒下的钱以她的名义汇给了“犹太人扫盲联盟”。事后，米夏带着扫盲联盟的感谢函，驱车去了汉娜的坟墓。

这是他第一次，也是唯一一次，站在汉娜的墓前。这两人牵连数十年的缘分终于在此了结，只留下一个令人无比感慨的故事。

在监狱的十多年生活中，汉娜从前面数十年中一味逃避、隐藏自己的秘密到终于可以正视它、克服它，是得益于米夏的那些录音带吗？抑或是那一次次审判？我想更多是因为汉娜终于有了决心得到知识启蒙的勇气。逃避解决不了任何事情。

汉娜是纳粹恶行的一个执行者，她就像德国公众的缩影。她的觉醒也代表着德国人的觉醒过程。从战争刚刚平息时的悲痛、沉重，到反复提及这段历史的麻木不仁，再到终于可以正视这段历史，承认错误。这是几辈人的努力。

还记得吗？1970 年 12 月 7 日，联邦德国总理勃兰特的惊天一跪。他面朝波兰犹太人死难者纪念碑深深忏悔的模样被竞相报道。他被当作德国正视历史的代表，被国际社会所认可与赞扬。

《朗读者》的前言中提及“本书的核心主题是探索两代人之间的爱与背叛”，父辈人对待第二次世界大战的态度与年轻人迥然不同。这种感情其实是人类共通的。要知道，生活是层层叠叠的，我们总能从新鲜的际遇中碰到过去的痕迹，过去会以千万种面貌展现在我们眼前的现实中。

也正是因此，在大时代下小人物的悲欢总是不由个人意志。个人何其渺小，我们都是被洪流裹挟着前行。即使不愿意，过去也影响着我们前进的方向。《朗读者》通过一个爱情故事管中窥豹，为我们揭露第二次世界大战对于个人的影响与改变。

而书中所有出现的人物，也是我们的“朗读者”。他们的不同态度、做法何尝不是为我们提供了一种看待历史的思路呢？

麦家：
灵魂的“拷问者”

这篇文章里，我要解读的是一部德国小说，本哈德·施林克的《朗读者》。

首先我给大家介绍一下这位作家，他是一位德国作家。其实他的第一身份不是作家，而是法学专家，先后在海德堡大学和柏林自由大学学习法律，并获得博士学位，后来也一直在大学里从事法学教学工作，写作是他的业余爱好。而且开始他写的大多是犯罪侦探小说，法律嘛，就是罪犯的邻居。应该是 1995 年，他转向从事所谓的纯文学创作，第一部纯文学作品就是《朗读者》，其实也没有离开法律，主人公是个律师。

这本书一经出版，就得到文学界的一致好评，反响非常大，曾经登上《纽约时报》的畅销书榜，也受到很多独立书评人的好评。因为反响大，很快得到影视圈的关注。后来由英国导演史蒂芬·戴德利拍摄成同名电影，由著名女演员凯特·温丝莱特和拉尔夫·费因斯主演。费因斯这名演员可能很多人不熟，但我一直很关注他，尤其是他在《英国病人》里的出演，给我留下极其深刻的印象。我多次看过《英国病人》的电影，每次看到费因斯抱着他的情人从那个山洞里出来，号啕痛哭的样子，总是让我非常伤情。

《朗读者》这部电影是 2008 年公映的，反响也非常好，相继获得金球奖、奥斯卡奖。在电影的推波助澜下，小说的影响也越来越大。有一次，很偶然的，北京大学的曹文轩教授——也是作家——推荐我读这本书。我读了以后，感觉很好，很好读，又不轻浅，是我喜欢的那类小说。

小说以一个“不伦之恋”开始，一个叫米夏的15岁少年和一个叫汉娜的36岁的单身女人，在偶然中邂逅，相识，相恋，是一个非常态的爱情故事。少年是个中学生，非常清纯、青涩，女人汉娜是一个公交车售票员，性感、丰腴，浑身散发着女人气息；少年被她的身体深深诱惑，然后相爱。

小说很快从情爱中走出来，往人生的沼泽里深入。那个夏天的末端，汉娜不辞而别，消失了，当她再次出现时，整个故事发生了我们难以想象的逆转，再也没有情爱、没有欲望，只有罪，只有罚，只有忏悔，只有批判。

小说有三个时间段：

第一个时间段，是米夏的少年时光，那个夏天，他享受的是汉娜的身体，或者说是一个少年懵懂的、青涩的爱。这种爱可能更多的是情欲，但他们确实是很真诚地相爱。那个夏天，他们是幸福的、快乐的，围绕他们的只有两件事：一个是做爱，另一个就是阅读、朗读——米夏为汉娜朗读。如此简单，却藏着深不可测的负担。我想，不管是米夏还是汉娜，当他们在这个夏天被身体的快乐和阅读的快乐滋润的同时，谁也没想到他们将为此付出一生的罪和罚。

第二个时间段，米夏已经长成青年，在大学里读书。他读的是法学，也正因为学的是法学，所以他有机会在法庭上和多年不见的汉娜不期而遇，重逢。在重逢的过程当中，汉娜展现了米夏不认识的一段过去：她曾经为法西斯工作过，在一个集中营里看守犯人。正因此她被人状告，站在法庭上，状告她的是当时集中营的一个小女孩，曾经也为汉娜当过朗读者。原来汉娜是个文盲，自己读不了书，只好让人读给她听。这是她的隐私，她不想让人知道，宁愿认一个并不属于她的罪也要保护她的隐私，因为这涉及她的尊严。

同样是为了尊严，米夏没有出手相救汉娜，眼看着自己曾经爱过的人被人诬告入狱。

第三个时间段，是人到中年的米夏，他开始反思，认识到自己当初没有出手救汉娜是错的，然后寻求救赎。救赎的方式就是主动地给汉娜寄去大量录音带，他熬更守夜，读了一部又一部世界经典名著，希望汉娜在他帮助下甩掉文盲的耻辱，获得尊严。

作为朗读者，米夏不是一个身份，而是有两个身份：第一个身份是15岁的那个少年，他朗读的目的是获得汉娜的喜欢，满足他的情欲；第二个身份，少年已经长大成人，汉娜已经在监狱里坐牢，他的朗读——为汉娜朗读——已经不带任何情欲，只有忏悔。如果说前面那个"朗读者"是有罪的，为满足情欲而读，后面的那个"朗读者"则是为了赎罪；如果说前面那个"朗读者"是在自我毁灭，后面那个"朗读者"则是在自我拯救。他不但在自我拯救，也在拯救汉娜。汉娜确实也因为他的朗读得到了某种拯救，在监狱里有了寄托和活下去的理由。后面那个"朗读者"没有欲望，只有付出，只有忏悔，只有爱，这爱是形而上的。因为是形而上的，所以也是感人至深的。

小说从情欲切入，切开汉娜也是德国的历史，情欲、情爱下面，更多的是藏着人性和历史、历史与个人、情欲和道德、爱与罚、罪与罚。它有非常多的意蕴，也可以说是一部典型的德国小说，带着强烈的理性和思辨色彩。米兰·昆德拉曾说，"人类一思考，上帝就发笑"。但人类总是在思考，尤其是文明社会，人总是在思考当中前进，总是要让理性去占领我们的精神深处。这也是这部小说的一大特点。

作为朗读者，我觉得米夏可能是世界上最奇特的一个朗读者。他通过阅读读到了人生，读到了欲望，也读到了罪，读到了忏悔；世界、人生、爱情、罪过，都在他的阅读当中完成。今天我们也在阅读，但我们这种阅读更多的是一种学习，不可能发生这么多奇特的故事。《朗读者》里藏着一个男人和一个女人的故事，也藏着一个国家和一个民族的故事，既精彩又别致，既情爱又罪孽，既生动又深刻。

《朗读者》这部小说，从艺术上来评价，我觉得它的语言、结构都比较普通，没有那么多出彩的地方。也许作者曾经是写侦探小说的原因吧，他在文学上的造诣，至少在语言、结构这些方面缺乏讲究。但我一直认为语言和结构只是文学的表面，一部作品真正有分量的是内容，它的内涵深不深，意义大不大。从这个角度上来说，它无疑是一部非常优秀的文学作品。为什么这么说？读了这部小说，你分明会听到自己的心跳声，你会思索自己的一些过往，包括未来，也会思索我们这个民族的历史。

整部小说，我在读的过程当中，想到了三个词：

第一个词是尊严。这也应该是这部小说的一个重要主题。至少汉娜是这么认为，她出生在乡下，不识字，这成了她最大的罪过。为了弥补这所谓的罪过，她愿意出卖身体，当初她和米夏在一起，就是为了让米夏给他朗读。整部小说给我印象最深的是在法庭上，汉娜为了维护自己的尊严，为了掩盖她是文盲的缺陷，宁愿去认罪。同时米夏为维护他所谓的尊严，放弃了对汉娜的营救。事实上他完全可以站出来为汉娜做证，证明她不识字，但他觉得自己曾经和她相爱的那个夏天是有罪的：你那么年轻，爱上年纪那么大的一个女人，说出来是没面子的事。他羞于公开自己这段历史，所以放弃了对汉娜的营救，尽管他很想救她，但最终还是放弃了。其中有一个细节：他已经去监狱，准备去见汉娜，劝她，帮她，救她，但走到一半又回头。

第二个词是屠杀。纳粹第二次世界大战期间在战场上的屠杀，在集中营里的屠杀，这是非常显而易见的一个屠杀。同时我们不得不承认，汉娜在那个夏天也对米夏进行了一次不自觉的屠杀，屠杀了他一生的幸福。米夏后来一辈子都不幸福，因为那个夏天深深地烙在他心里。在他的心里始终觉得，这不是一件光彩的事情，这是他的一根尾巴、一桩罪行，所以影响了他一生。

他结婚，又离婚，和孩子的关系也处理得不那么亲密、和谐，等等。

总之，这个人身上有一种阴郁的东西，有一种悲观甚至悲凉的东西。这些东西肯定和他年少时期的不伦之恋密切相关。

反过来，米夏对汉娜也在屠杀，该出手相救时却没有救。最后汉娜的自杀，我觉得米夏也是要负责任的，因为米夏在最后和她相见的过程中，完全是出于道义，明显带着一种道德优越感，夹杂着施恩的情绪，而不是出于爱。他和汉娜不是平等的，是施舍。汉娜觉察到这一点后，便感到了绝望。因为她自然会想，这个在外面世界里唯一和她有过感情，唯一和她有比较深关系的人都会这样看她，更何况其他人呢？世态炎凉，如果大家都这么看她，她回到那个世界里去又有什么意义呢？这是让她感到绝望的，绝望了，就自杀了。

这里面还有一种屠杀，当然说“屠杀”也许有点重，但这里面确实有不少有意无意的杀戮，那个法庭其实也是个屠宰场。按理说法庭是维护正义的地方，法庭是庄严的，但汉娜恰恰是在法律面前，在法庭上，被那些人集体屠杀了。审判长也好，书记官也好，辩护人也好，都没有发现汉娜被人诬陷，有的——比如米夏——虽然发现也没有去纠正。法庭把汉娜当作一只替罪羊进行了审判，从某种意义上来说这也是一种屠杀，这些人拿着正义和公正的权力，披着和平的外衣，对一个曾经犯过错的小纳粹进行了不公正的审判。

可笑的是，汉娜向往的文明世界，其实根本不文明。汉娜因为不识字，所以对文明世界一方面充满自卑，另一方面也充满虔诚的向往之心。但其实这个文明世界里的人，体现在法庭上、法庭下都表现出一种冷漠、麻木、无动于衷、自私、怯懦、逃避。汉娜以前的同事，明知她不应该承担这些过错，但出于自私对她公然落井下石；米夏也是出于所谓的面子对她弃而不管；法庭急于向民众交差，潦草办案。总之，汉娜向往的文明社会其实并没有那么光彩，没有那么多理性，也没有那么多良心。这个层面，作者主要体现的是一种批判精神，从自我批判开始，到批判社会、批判历史、批判现实，方方面面的批判。

第三个词是忏悔。如果说小说仅仅停留在批判上，我觉得它的深度也是有限的。施林克不甘心就此结束，他还要继续往前推，推到哪里呢？就是第三个层面，也是我要说的第三个关键词：忏悔。正因为有忏悔这个层面，我觉得一下把小说的境界拔高了。忏悔也是多方面的，首先是作者的忏悔，里面有这么一段话，他是以第一人称写的："为了这个尊严，既是汉娜的，也是我的，我参与了谋杀。这与纳粹在战争中的暴行有什么区别呢？我也参与了对汉娜的谋杀，把罪不至此的她推进了终身监禁的大门，我也是有罪的。"

这是罪人对罪人的审判，是用罪过审判罪过。"我"能说出这段话，可想而知"我"内心已经忏悔到什么程度。

同时我们发现汉娜也在忏悔。汉娜以前是很麻木的，因为没有文化，缺乏反省的能力，"自我"没有觉醒，几乎是一个国家的一个机器零件，该征兵她就被征兵，到集中营做看守，一切唯命是从。即使面对500个活生生的人被大火包围命悬一线，在没有接到上级命令的情况下，依然不肯打开门锁。她宁愿看着这些人死去也要死守纪律。这个人是没有"自我"的，她心里只有国家，只有上级，只有命令，没有生命，内心被蒙蔽。她把自己交给别人，成为别人——法西斯——的一只手，一个刽子手。但后来在漫长的监狱生涯中，在米夏帮助下，她学会了阅读，学会了书写；通过阅读、学习，她的自我开始慢慢觉醒。最后，汉娜进行了一次灵魂深处的告白，是这样说的：

"我一直觉得没有人能够理解我。你知道，如果不能被人理解，我永远不会想到要忏悔，即便在法庭上。然而现在那些无辜死去的人们，他们能够理解我。在监狱里，我和他们待在一起的时间更长。不论我是否愿意，他们晚上都会来看我。在审讯之前，我甚至在梦中就可以将他们赶走，但是现在呢，他们经常出现在我的梦中。"

这是觉醒后的汉娜，她开始忏悔，开始为自己曾经犯下的罪行忏悔。当初她在法庭上，其实不是忏悔，她是为了面子认罪，在尊严和罪行之间她选择了尊严，也意味着她并没有完全认识到自己的罪行。这是小说的精到之处，有很多东西是埋在文字下面的。汉娜在没有觉醒前，认为尊严比生命更重要，觉醒后发现忏悔是第一重要的事。汉娜内心的成长过程非常缓慢，因为她是个文盲，缺乏教育，自我醒悟能力、对世界的判断力、对人生的判断力，都比较贫乏。所以她当初对罪行的认识是不够深刻的，等她有深刻认识时，她的人生几乎也已经结束，困在监狱里，赎不了罪，唯一能做的是临死留话，希望把她的遗产——一罐钱——交给集中营里的那个女孩。

总的来说，这是一部让人感到非常凄凉的小说，它从情欲或者说情爱出发，一路对自己进行拷问，对自己的民族拷问，对自己的内心拷问。拷问的结果，我们会发现，我们生活当中很多人、很多事是经不起拷问的，在拷问面前我们完全被打败了，有的付出了一生的代价，有的付出了心理代价，有的付出了时间代价，有的付出了生命代价。总之，拷问让很多人都付出了代价。但如果没有拷问，我们付出的代价会更大。这也是这部小说的意义所在，它在教人扪心自问，教人对自己国家的历史、自己的历史进行拷问：我们要敢于去扒开表面的东西，去审视内部那些秘密、那些罪恶。

整部小说可以说是一个自我拷问的舞台，这个“自我”既是个人的自我，也是民族的自我、国家的自我。我们一路走来，其实也走了很多弯路，但我们是不是有拷问的精神和勇气呢？如果缺乏的话，我们愿不愿意去弥补呢？“朗读者”其实是个“拷问者”。

《一个陌生女人的来信》

现在在这个世界上，我只有你一个人，而你一无所知。你从来也没有认识我。而我要和你谈谈，第一次把一切都告诉你。我要让你知道，我整个的一生，一直是属于你的，而你对我的一生一无所知。

导读：
我爱你，与你无关

《一个陌生女人的来信》，这是一部关于爱情的短篇小说。更确切地说，这是一封长达两万五千余字的暗恋信。要读懂这部小说，我们必须解决以下四个问题：陌生女人是谁？她为什么要写这封信？这封信是写给谁的？信里又写了哪些内容？这些问题，我们将在之后的阅读中一一进行解答。

在开始讲之前，我想请你回忆一下：在你的人生中，是否也曾深深地暗恋过一个人？那份暗恋带给你的回忆是甜蜜的，还是苦涩的？

之所以这么问，是因为这本书的女主人公，也就是写下这封信的人，就是一个深陷于暗恋旋涡中的女人。她倾尽了一生力气爱着那个叫作R的作家，在弥留之际，她终于决定以书信的形式把这份感情告诉对方。

有人说，暗恋是一场一个人的兵荒马乱。对于这个女人来说，暗恋无疑是苦的，因为她永远得不到对方一丝一毫的回应。但这封信却绝对不是在诉苦，抑或是来表达怨恨的；相反，这封信凄美感人，读来令人动容。就连高尔基在读完之后都赞叹不已，说它“真是一篇惊人的杰作”。

其实，这篇杰作还可以看作是作者本人的自传。《一个陌生女人的来信》这本书的作者是奥地利作家茨威格，他在生活中也曾收到过两封陌生女人的来信，正是这两封信让他产生了创作的灵感。

茨威格出生于一个比较富有的家庭，自小便受到了良好的教育，对文学艺术有着很浓厚的兴趣。他很早就开始了创作，并且取得了不小的成就，也因此形成了自己独特的写作风格。

但当他创作《一个陌生女人的来信》这部小说时，他的思想刚好发生了转变，转变的原因就是战争。当时，第一次世界大战刚刚过去，茨威格从战争中看到了打着“民族主义”旗号排除异己的重重杀戮，看到了战争的残酷无情与人民的水深火热，从而对生活产生了更深刻的认识，对全民族乃至全人类都充满了责任感，热衷于做人类心灵的猎者。因此，从第一次世界大战战后到 1933 年的这段时间成了茨威格创作上的顶峰时期。

丹麦批评家勃兰兑斯曾把人生比作一片海洋，说里面藏有海底植物和可怕的居民，这句话似乎道出了 20 世纪文学的重要转向。这个转向，就是作家们开始探索人物的深层心理，许多作品已经不再停留于一般的心理描写，而是试图进入到人的潜意识之中。《一个陌生女人的来信》这部小说就很好地体现了这一点。

这部小说创作于时代和作家本人思想的双重转折点。从时代上来说，第二次世界大战后，人们产生了一种普遍的精神危机；从作家本人来说，茨威格对自己以“自我”为核心价值的创作理念产生了怀疑和反思。

茨威格早年的生活比较美满，造成了他较多地关注自我，而对社会环境倾注了较少的注意力。战争来临之后，在动荡不安的社会中，他开始打开自我，融入社会环境，注重与他人的关系。这里的转变体现在这部小说中是，陌生女人在从少女时代就深深陷入的这段暗恋里，既要保留自己的骄傲，又渴望在爱情中获得对方认可的一种挣扎。

茨威格对人物本身的状态、思想和认知有非常细致的关注，这也是这部小说的一大亮点。有评论说，小说以比女人还要了解女人的笔触，生动地刻画了这个陌生女人的心灵世界。

以上是这本书的作者和基本情况，那么这封“陌生女人的来信”，写下了什么样的内容呢？

故事是这样开始的：男作家 R 在他 41 岁生日当天收到了一封匿名信，信的标题和开头的称呼都是“你，和我素昧平生的你！”这句话引得他好奇心大发，也引得作为读者的我们想要一探究竟。

女人在信中告诉作家 R，她的孩子在昨晚死了。与其说是她的孩子，倒不如说是她和作家 R 共同的孩子。孩子死了，女人悲恸欲绝，于是她打算在自己生命的尽头，提笔将所有的故事原原本本地写给他看。女人还说，如果她能活下来，她就会把这封信撕碎，继续把秘密埋在心底。但现实是，作家收到了这封信，意味着写信的女人已经死了。

就这样，作家怀着满腹好奇，读着这封洋洋洒洒又饱含深情的长信，进一步探索这位陌生女人与自己的恩怨纠葛，以及在命运轮盘下曾经数次上演的重逢与错过。

在女人还是小女孩的时候，因为父亲早逝，她只能与母亲靠着养老金生活。虽不愁温饱，但日子过得着实拮据，深居简出，一副小市民的穷酸样。独身的生活造成了母亲忧郁愁苦、胆小怕事的懦弱性格，随着时光的流逝，女孩渐渐开始厌弃她与母亲的生存状态。

女孩生活的天地，是非常狭小的。她住在连门牌都没有的破旧公寓里，更别说有人上门拜访了。她没法向别人诉说心事，也没有人能够提点毫无阅历的她。所以她思想上是封闭的，她缺少与世界交流的有效通道，因此只要这个世界闯入了自己所没见过的新鲜事物，她就很容易被吸引，从而沉沦其中。

而这个新鲜事物，就是在女孩 13 岁时，邻家搬来的这位英俊潇洒的年轻作家，也就是收信人 R 先生。

一次偶然的机会，女孩与迎面走来的作家差点儿撞了个满怀。作家出于礼貌地抱歉，向女孩投去了温柔的目光。那目光对于作家来说，只是再平常不过的一种教养，但对女孩来说，却是一种脉脉含情又销魂致命的诱惑。不谙世事的女孩以为作家的柔情只是给她一个人的，于是从这一眼开始，女孩的心便永远属于作家了。

对女孩来说，作家的到来无疑给她开启了一扇了解外面世界的大门。于是在以后的日子里，她把一个 13 岁女孩的全部精力，一股脑儿地用来窥视作家的生活。

从作家搬来之初对他的幻想开始，女孩满腹的好奇渐渐转化为仰慕、了解，甚至爱情。除了窥探作家的一举一动外，她也看到了自己与优秀的作家之间的种种差距，于是拼命努力去缩小这段差距。

但因为母亲的改嫁，她不得不随母亲和继父离开心爱的作家。离开的前一天，女孩鼓起勇气去敲了作家的门，想请求作家让她留在他身边，哪怕只是当个仆人，她也心甘情愿。女孩敲了半天门却无人回应，只好苦苦等着作家回来，一直等到了凌晨两点钟。作家终于回来了，但他并不是一个人回来的，他还带回来了一个女人。

这一夜，女孩不知道自己是如何度过的，第二天，她像一具没有了灵魂的空壳一般，随母亲离开了维也纳。就这样，女孩在她 16 岁的年纪，经历了一场痛彻心扉的离别。她离开了深爱的作家，尽管作家从没注意过她的存在。

女孩在单相思的苦恋中度过了那段没有作家的青春时光，后来终于如愿以偿回到维也纳工作，并再次与作家相遇。虽然作家没能认出自己，但她还是毫不迟疑地答应了作家的邀约，和他共度了三个甜蜜的夜晚。

就是在这三夜之后，女孩怀上了作家的孩子，她把这个孩子当成是上天的恩赐。但女孩不想打扰作家的生活，她不想让作家觉得自己是个累赘，甚至因她把孩子偷偷生下来而恨自己。于是，女孩在贫民医院里生下孩子后，便独自承担起了生活的重担。

过去，女孩读书、练习钢琴，不断提升自己，追随作家的步伐，是为了寻求认可；如今，女孩要自力更生，不靠任何人的帮忙把孩子养大成人，也是为了寻求这份认可。女孩要让作家想起她的时候没有一丝忧虑，让他永远怀着爱和感激来思念她。

女子本弱，为母则刚。为了给她和作家的孩子提供尽可能良好的教育环境，女人不惜委身于一个个有钱的男人。

在之后的岁月里，她和作家多次相遇，她的内心一次次发出深情的呼唤："认出我吧，认出我就是你邻家的女孩！"但作家没有一次能够认出她来。即使偶尔对女人表现出兴趣，也只是一个男人对一个风情万种的女人的那种兴趣。

万般无奈之下，女人想起作家曾在那激情的三个夜晚之后送给她的白玫瑰，于是此后每逢作家的生日，她都会派人给作家送去一束白玫瑰，只为了唤醒作家对那三夜的回忆。

一次舞会上，他们再次相遇，作家出于欣赏，很快便向女人发出了邀约。于是毫无意外的，女人撇下了身边那个为她提供多年优越生活的军官，跟着作家离开舞会，再一次度过了一个销魂之夜。她虽心有愧疚，却毫不后悔。因为眼前的作家，才是她真正的爱人啊。

清晨，女人用桌上的白玫瑰暗示作家，盼望他能想起些什么来。但当作家小心地把几张钞票塞进女人的手筒里时，女人心碎了，仿佛瞬间掉入了万丈深渊。

她把他当爱人，可他呢？把她高尚的爱情当成一种低廉的金钱买卖。女人强忍着心痛离开，却意外撞见了作家的那位老管家。只一眼，女人就知道，那位老人认出了她，认出了她就是曾经的那个小女孩。别人很轻易就做到了的事，作家却永远都做不到。

因为作家一直想不起自己，女人便把对作家全部的爱转移到了儿子身上，但这个孩子却因高烧不退死去了。她在孩子床边连续守了 40 个小时，却还是没能从死神的手中夺回他。

在整部小说中，女人在回忆故事的间隙，总会突然地穿插一句“孩子已死”的现实，把读者瞬间从回忆中拉出来，从而加重这部小说的悲剧意味。即使沉浸在最美好的回忆中，这个噩耗也能瞬间把女人从幸福中唤醒，瞬间从天堂跌入地狱。

读到这里，我们终于可以回答前文提出的问题了：陌生女人是谁？她其实并不陌生，她曾是作家的邻居，是他露水情缘的暧昧对象，是他孩子的母亲，是一位用一生去爱他的女人。

直到最后，“陌生女人”对作家的唯一要求，是让作家在每年生日的时候，为自己买些白玫瑰来供在花瓶里，就像女人曾经为他做的那样。

然而可悲的是，直到“陌生女人”在失去孩子的凄凉和病痛中孤独地死去，作家都没有认出那个与他几度邂逅，甚至曾经欢爱的女人就是当年的邻家女孩，他只把她当作欢场中的卖笑女郎，当成无数风流艳遇中的一个。即使读完了“陌生女人”的绝笔信，作家也只是朦胧地感觉到了一些感情上的蛛丝马迹，却始终没能确切地回忆起她的形象。当作家看到这一年生日时空空如也的花瓶，一丝痛苦涌上心头，但他最终，也没能记起那个女孩。

读完这本书，我们可以从故事中体会到浓浓的悲剧意味，会为女人所经历的不幸遭遇而惋惜，同时为她对爱情的一腔孤勇而感动。

而这一切感受，都来自茨威格超凡的写作技巧，来自他对人类心灵的深刻挖掘。他的小说多采用第一人称的叙述手法，简洁有力，真挚感人。此外，茨威格在凝练技巧、情节安排、悬念设置等方面都非常精彩。

他用生动的刻画本领将自己的心路历程和对人性、对人类内心世界的深刻洞察展现在世人面前，用细腻的心理描写、曲折动人的故事情节，和天生的敏感去触摸读者的心灵和神经。

茨威格曾说：“我素来感兴趣的就是各种有偏执狂的人，即囿于某种单一的思想而不能自拔的人，因为一个人用来局限自己的范围越狭小，他一定意义上就越接近无限。”因此，他的作品经常以偏执与激情为切入点，从而剖析人性最深处的隐匿世界，再去诠释一些古怪行为的必然性，以至于罗曼·罗兰曾称他为“灵魂的猎者”。

茨威格认为文学作品就应该是用艺术的方式彻底地展现出人的内心世界，有强烈的激情，这激情中有爱情，有怠惰，更有勇敢。

以上的种种说法，在《一个陌生女人的来信》这本书中均能得到印证。

书中的女人是充满激情的，她的激情中有生死不灭的爱，有周旋于有钱人之间的怠惰，更有独自承担生活重担、体味爱情心酸的勇敢。而这些，都是女人身上极为宝贵的美德。

在当时那个“人性泯灭、歧视女性”成为一种司空见惯的现象的资本主义社会里，茨威格却背离时代而行，写出了一场圣洁的不求报答的爱情。陌生女人所诉说的自己的一生，实际上只是要表白她作为人的尊严。

当然，这个洁白无瑕的形象在现实生活中是不大可能存在的，茨威格也只不过是把自己理想中的女人的美德注入到了这个陌生女子的身体里，以此来表达他对女性情感的尊重。

麦家：
一封长长的信，一个女人痛痛的心

我几乎看过所有译成中文的茨威格的作品，但怪得很，提到他，我脑海里最先浮出的是一张黑白照片：一张单人铁床，一个瘦女人侧着身子，下巴搁在同样瘦的男人的肩头；男人鼻下留一撮胡子，修剪得很整齐，头枕着白色蓬松的棉花枕头，闭紧眼，嘴巴微微张着，睡得香美的样子；女人也是睡得很沉的样子，或许在做梦。两人手牵着，穿着衣裳，感觉是在外奔波忙碌一天，回到家，累得不行，连脱衣服的力气都没了，直接上床睡了，并一下睡死过去，天黑地黑的，酣得很。

这是 1942 年 2 月 22 日，地点是巴西里约热内卢近郊的佩特罗波利斯小镇，男人就是茨威格，女人叫伊丽莎白·绿蒂，是他第二任妻子，时年 33 岁，花样的年华。我要伤心地告诉你们，他们不是睡着了，而是死了。而且，更伤心的是，他们不是被人杀的，而是自杀的，靠的是不知名的毒药。总之，他们是服毒自杀的。

说到自杀，我曾写过一篇文章，谈作家的自杀，列出一串长长的名单，吓死人！随便说吧，莫泊桑、杰克·伦敦、海明威、叶塞宁、弗吉尼亚·伍尔芙、茨维塔耶娃、马雅可夫斯基、法捷耶夫、芥川龙之介、太宰治、川端康成、三岛由纪夫……更熟悉的名字，是我们国家的，有王国维、杨朔、徐迟、海子、顾城、老舍、傅雷、三毛，当然还有屈原，等等。这些都是我一时想起的，如果去查资料，从古及今，国际国内，自杀的名单至少可以翻几番。虽然没有考证过，但我几乎可以大胆认定，作家是自杀率最高的职业，可能不是“之一”，是第一。为什么作家跟自杀这么近距离？如果感兴趣，可以去《不该死的作家》。

茨威格是个犹太人，这也是他自杀的因素之一。在希特勒滥杀犹太人的时代背景下，作为奥地利的一个出身优渥、养尊处优、感情细腻、尊严感极强的犹太人，离死亡比任何人都近。同时作为犹太人，茨威格也不失犹太人聪慧、勤奋的基因，读中学时就开始发表诗歌，而且出手不凡。20岁，还在读大学，便出版第一本诗集。他先后在维也纳大学和柏林大学攻读文学和哲学，并获得哲学博士学位。哲学是父亲，美学是母亲，它们生下的儿女叫文学。用现在的话说，他出身科班，文学功底和修养是十足的。

茨威格一生创作了大量文学作品，并且体裁多样，诗歌、戏剧、小说、散文、游记、传记，样样涉足，遍地开花。散文和游记且不说吧，一个作家在漫长的写作生涯中总会留有这些笔墨，像一个画家总会有些素描、速记一样。这是点心，是路边野花，是顺手摘一朵的意思。分析一个作家，这只能作为旁证，无法下定论，除非是分析专业的游记散文作家。茨威格当然不是这样的作家，我们来分析他创作走过的路程，会发现一个有趣的现象，他从诗歌出道，然后创作戏剧，然后创作小说，然后创作传记，虽然中间有些交叉、穿插，但总体是这么一个进程，从诗歌出发，途经戏剧、小说、传记，止于自传。

那么这是什么样的进程呢？打个不恰当的比方——其实也是恰当的——诗歌是天上的东西，床前明月光，疑是地上霜，没有情节，没有人物，有的是一种心情、一种意境，是灵空的；戏剧有情节，有人物，但没有小说的现实感，锅碗瓢盆，山川河流，街头巷尾，活色生香，总之是少了人世间的烟火气、红尘味；传记就是史实，匍匐在真实的物是人非上，一是一，二是二，容不得虚构——自传更是如此。虚构是小说飞翔的翅膀，到了传记，尤其是自传，翅膀被彻底折断、拆掉，只能按图索骥，照葫芦画瓢。深思细想一下，从诗歌到戏剧、小说、传记、自传，其实是一个不断从远到近、从虚至实的过程。

再打个不恰当的比方，诗歌是苍鹰，翱翔在天际的老鹰，独孤一只，孑然一身，有影无形，无声无息；戏剧是大雁，成群结队，有阵形，有声音——雁过留声嘛，甚至有羽毛飘落，近在眼前，又远在天上，可望而不可即；而小说就是麻雀，在我们身边飞来飞去，叽叽喳喳，偷食拉屎，活灵活现，直接切入我们的生活。那么传记就是传记，比不了的，它就是自己，就是跟我们一样的人——一样又不一样，他们是非凡的、独特的，青史有名，后世不忘，被镶在画框里，或者竖在城市广场上。

茨威格一生创作了大量传记文学，一部分是文学家传记，如巴尔扎克、狄更斯、陀思妥耶夫斯基、荷尔德林、克莱斯特、尼采、卡萨诺瓦、司汤达、列夫·托尔斯泰等，都在他笔下复活；另一部分是历史人物传记，如欧洲人文主义先驱伊拉斯谟、卡斯特里，苏格兰女王玛丽·斯图亚特和法国国王路易十六的王后玛丽·安托内特等，也被他倾情泼墨。

从高高在上、灵空务虚的诗歌，到戏剧，到小说，到真实得不容虚构的传记文学，这一路走来，其实是一路的“入世”。作为一个犹太人，他生活的时代在一路冷落他、歧视他、抛弃他，以致整个欧洲都没有他一锥之地，没有读者，没有尊严，如一只丧家犬，只能沦落异域，漂泊他乡。他要“入世”，但世界不要他，他的心路和身世完全背道而驰。这便是撕裂，是挣扎，最后挣扎不了，撕开，断绝，以自杀结束，这几乎是一道加法题：像一根绳子，在加法的拉力下，终归是要崩断的。

我们假想一下，如果他创作的历程是反过来的，掉个头，从实出发，向虚而去，始于传记，止于诗歌，我想他大概不会自绝人寰。他或许会去当隐士，或许会遁入佛门，好吃不如茶泡饭，好活好比晨钟暮鼓。当然，我说过，人世没有如果，只有后果。

茨威格能在文学界立世，靠的还是小说，而且主要是中短篇小说。给我印象深、最受益的也是中短篇小说，如《朦胧之夜的故事》《灼人的秘密》《热带癫狂症患者》《一个陌生女人的来信》《看不见的收藏》《象棋的故事》等。20世纪80年代中期，我刚开始学写小说时，这些小说都是我照虎画猫——不是照猫画虎——的范文。我个人最喜欢的是《象棋的故事》，但在中国影响最大的可能是《一个陌生女人的来信》，因为徐静蕾和姜文把它搬上了银幕。今天我们要解读的就是这部小说，这里面跳动着一个女人极端痴情又凄凉的心，你要准备为它流泪，反正我是为它流过泪的。

《一个陌生女人的来信》，一封长长的信，一个女人痛痛的心，你感动了吗？流泪了吗？我认为，这是世上最凄婉动人的一封信之一。你，一个从来没有认识过我的唐璜式的男人！我，一个13岁就痴情于你的少女，一个为你付出全部爱情的女人，一个为你生下孩子的女人，一个把你孩子养大的女人，一个刚刚失去孩子的女人，一个已经苦得没法活下去、准备去死的女人，用生命的最后一点时间，写下这封惨绝人寰的绝命书。

我真觉得这是一封惨绝人寰的信，她为你失去了少女的天真烂漫，姑娘的芳心恋情，生为女人的骄傲、娇宠、尊严、贞洁、妇道、孩子、生命；一切，一切的一切，都因你而随风飘散，你却有眼不识，不知不晓；她为你低下头，弯下腰，跪下来，趴下来，钻到缝里，舔你脚趾，低到尘埃里，你却视她不如尘埃。天若有情天亦老，但天在她面前残酷无情，失去了天理。

我要问，这是一个误会吗？我要说，正因是误会，所以更为惨绝！我要问，这是女人自找的吗？我要说，正因是自找的，所以也更为惨绝！这不是一个故事，一部小说。作为故事和小说，它缺乏故事和小说应有的理性，或者说逻辑性，也可以说纪律。小说的参照体是现实，是生活，生活中这样的人和事毕竟少，缺乏普遍性。刚刚我在看王安忆一篇文章，写的是她看史铁生的长篇小说《务虚笔记》的感受，里面有一段话讲的大致也是这个意思。

王安忆说："这是一部纯粹虚构的小说。我说'纯粹虚构'，不是说还有不是虚构的小说。小说当然是虚构的性质，但小说是以现实的逻辑演绎故事。我在此说的'纯粹虚构'，指的是史铁生的这部小说摆脱了外部的现实模拟性，以虚构来虚构。追其小说究竟，情节为什么这样发生，而非那样发生，理由只是一条，那就是经验，我们共同承认的经验，这是虚构中人与事发生，进行，最终完成虚构的依附。而史铁生的《务虚笔记》完全推开了这依附，徒手走在了虚构的刀刃上，它将走到哪里去呢？这实在是很险的。"

《一个陌生女人的来信》也是这样，这里面的人，这个陌生女人，她缺乏现实基础；她是个案，是奇人怪事。怎样用一个特殊人的一桩特殊事，去打动一个普通人，一个被现实逻辑统治的读者，这是需要技术和窍门的。我们古代，自魏晋南北朝起，有大量"志怪"和"志人"小说，包括《唐传奇》，讲的多是奇人异事，或者逸事逸闻，新鲜刺激，好看得很，也好记得很，听了就可以转述，但你很少也很难被感动；你可能会惊心动魄，但不会撕心裂肺。为什么？因为缺乏现实逻辑，缺乏人之常情、世之常理的依托和支持，你不会把自己放进去；你会觉得，这是古代的事、天上的事，落不了地，更不会落到你身上，所以"事不关己，高高挂起"，是一种旁观的心态；你会把它当作谈资，不会化作心智。这是这类小说基因里的风险：也许只是一个无关痛痒的东西，浅薄得很。

茨威格的许多小说，比如《象棋的故事》《看不见的收藏》《旧书商门德尔》《一个女人一生中的24小时》等，都是这类小说，主人公不是疯魔的痴情，就是天赋异禀；不是置身怪诞乱世，就是身处怪力乱神。《一个陌生女人的来信》尤其如此，她不但让作家陌生，也让我们陌生。我们不禁会问，怎么会有这样的人？当你这样发问时，这部小说已经处于坠落悬崖——被你抛弃——的风险中；当你最后确实认为这是一个精神不正常的女人时，这部小说彻底失败！

这部小说是从悬崖上开始生长，长在石头缝里，缺土少肥，吃风吃寒，很难长大，长大了可能会被自重和风力拽入悬崖。但最后坠落悬崖的不是它，不是小说，而是我们，是读小说的人。这就是茨威格了不得的地方，他总是铤而走险，而又总能涉险过险，有惊无险，化险为夷。这当中暗藏着大量技术、魔术性的东西：语言的魅力，刻画的功力，人物的设计，情绪的收放，节奏的把控，细节的精致打磨，等等。现在，我挑两个最浅表的例子讲。

一个是小说中“我”的身份是一位作家，长相好，名声大，夜生活丰富——经常深夜回家。后面那些且不说，一般都会这么设计。说说作家这个身份，我们假设一下，如果他不是作家，是富商，或者官员、演员、画家等，小说真实的逻辑性就会受到一定伤害。为什么？因为这封信写得太好了！感情细腻、真挚，措辞考究，表达充分，前呼后应，文学色彩这么浓厚的一封信，一般人是写不出来的。但现在“我”是作家，她作为一个暗恋作家的女人，我们就会给她一个特权：文学的特权。

人在青春期都爱看文学作品，因为单纯，要通过文学来丰满自己，这给一个 13 岁少女暗恋作家提供了一定现实基础。她一直痴情于他—— 一个作家，于是我们可以想象，有理由设想，她一直没有离开文学，至少在反复读“我”的书吧，或许还在心里反复给“我”写信呢。这么多年来，她“文采飞扬”我们也不足为怪，因为逻辑上她和文学的距离是近的，她是文学的邻居，所以她可以获得文学的特权。这权利，如果你是一个暗恋演员或者官员的女人，我们不一定愿意给；给她，我们是愿意的。

因为“我”是作家，我们很容易猜想，这可能是作者本人的经历，有一定自传色彩。作为自传，它本身就是真实的；作为自传小说，作者在这里除了有些自恋之外，更多的是在批判自己，虽然没有直接的忏悔，但隐隐的忏悔是有的。这里面有一种诚恳，这种诚恳将和读者构建谅解的暗道，谅解了，就真实了。比如，有人对你撒了个谎，他的谎言让你很生气，但对方马上认错，获得了你的谅解，回过头去，那个谎言被你贴上了真实的商标。这就是小说家的把戏，也是小说存在的基本条件。小说，说到底必定是假的、虚构的，你为什么明知是假的还喜欢读？孙悟空会72变，假得不得了，可你照样喜欢看。这就是小说存在的理由，如果没有这样的土壤，小说是长不出来的。

另一方面，“我”在信中的第一句话是：“你，一个从来也没有认识过我的你啊！”这句话是有丰沛的信息量的，它也为小说的真实性提供了依据。这个“啊”字和感叹号，是感情强度也是时间长度，然后是“你从来也没有认识我”，这说明什么？是暗恋，是单相思，高强度、长时间的单相思，一下把这个女人的某种特性烘托出来：好奇、多情、腼腆、内敛，多少也有些偏执、好强、要面子。

正因为小说开始第一句话给我们提供了这些信息，给我们心里打了底子，于是后面的一系列稀奇，我们也有准备似的收下了。卡夫卡的《变形记》，从标题到第一句话都和读者约定：这不是一部现实小说，它是一部寓言小说。所以你看下去，不会去要客观真实、现实逻辑，你要的是超现实，是现实芯子的东西，是芯子里的真实，不是表面的真实。

小说家和读者的约定必须一开始就建立，茨威格深谙这个门道。类似的例子，是把稀奇变成不稀奇，把“铤而走险”化成“有惊无险”，他的小说里有许多。如果你有兴趣的话，可以去读一读，像拆枪一样，把小说拆开来看一看，这是一个很有意思的过程。想装枪，首先要学会拆枪。从一定意义上讲，小说也是一把枪，它的子弹直穿人心——只穿身体的小说，一定不是好小说。

最后，茨威格去世后，巴西总统下令为他举行了国葬，正是因为他写出一系列像《一个陌生女人的来信》这样深情精致的文学作品。没有文学、宗教、艺术，人类也许早已灭亡，或者变成了野兽，这就是我们在这里相聚的意义。

《红高粱家族》

我曾经对高密东北乡极端热爱，曾经对高密东北乡极端仇恨，长大后努力学习，我终于悟到：高密东北乡无疑是地球上最美丽最丑陋、最超脱最世俗、最圣洁最龌龊、最英雄好汉最王八蛋、最能喝酒最能爱的地方。

导读：
一个家族的野史，一个瑰丽的文学王国

《红高粱家族》是中国第一位诺贝尔奖获得者莫言的代表作，因为这部作品，“红高粱”也成了莫言的文化符号。

《红高粱家族》是一部“先锋文学”的代表作，莫言以他特有的光怪陆离的笔调，“将魔幻现实主义与民间故事、历史和当代社会融合在一起”，不管是内容上还是形式上，都为当代文学树立了一个典范。

这本书以第一人称的视角，主要讲述的是“我”爷爷余占鳌、“我”奶奶戴凤莲和“我”父亲余豆官从抗日战争到 1960 年这 30 余年里波澜壮阔的故事，表现出红高粱一般旺盛的生命力以及不屈不挠的斗争精神。小说颠覆了“高大全”的传统英雄形象，展现出人性的复杂面，解构了“国家”“革命”等宏大的命题，将“人”本身推上了历史舞台。

《红高粱家族》的主要情节可以分为三个部分：

第一部分是我奶奶不愿意嫁给开酒厂的麻风病人单扁郎，爷爷趁着奶奶回娘家把单家三口都杀了，奶奶继承了单家的家产并和爷爷结婚。

第二部分是日军侵华，横行乡里，爷爷带着他的土匪队去打鬼子，整个村子因此遭到日军报复。

第三部分是爷爷继续当土匪在高密东北乡游荡，和这一带的国民党等武装力量斗智斗勇。

我们以故事讲述人的视角，来了解主要的故事内容。

我奶奶第一任丈夫是家里开着酿酒厂的单扁郎。我的曾外祖父很势利，单家来提亲的时候爽快地答应了。成亲的时候下着雨，单家连个看热闹的人都没有。整整两晚，奶奶都紧紧地握着剪刀。回门那天，曾外祖父在单家喝得烂醉。路上我奶奶被两天前抬她到单家的一个轿夫劫进了高粱地。那个轿夫就是我爷爷余占鳌。

这天晚上，我爷爷摸到了单家收购高粱的场院边上，点燃了一垛高粱叶子。趁着众人救火的骚乱，他杀了单家父子，把两具尸体撂在了水湾里。

三天后，奶奶从县太爷口中得知了这场变故，看准了县太爷同情她，装疯卖傻地认下了这个干爹。奶奶知道我曾外祖父靠不住，又没有了夫家，于是及时地给自己找到了一个靠山。

我奶奶再回到单家的时候，名正言顺地接管了单家的家业。奶奶治家严谨，举止稳重，众人都心服口服。奶奶当家之后，爷爷就来酒厂做工。高超的技术很快使得伙计们佩服不已，没多久他就开始光明正大地和奶奶一起生活。

但之后爷爷趁着奶奶回娘家奔丧，与奶奶的使女恋儿私通。抓到实证之后，奶奶把恋儿的脸抓出了十道血口子，又对准爷爷的脸打了一巴掌。打到第二个巴掌的时候，奶奶的手垂了下去，这时爷爷动了手。

爷爷始终忘不了这次动手，它像一道冷酷的河流，把他们隔开了。爷爷就在邻村买了一排房屋，把恋儿接出去住了。

当日本人进入高密东北乡的时候，先是在扫荡中打死了恋儿，接着抓壮丁修路，抓走了家里的长工罗汉大爷，还征用了两匹骡子。罗汉大爷愤愤不平，夜里打伤了一匹，打死了一匹。第二天，一个日本官下令把已经被伪军打得半死的罗汉大爷剥皮示众。

从此以后，爷爷开始以土匪的身份抗日。他带领的土匪与国共两党在高密东北乡形成了三股相互敌对的势力。与以往的抗日小说不同，他始终没有接受任何党派的招安，只做自己想做的事情。

在高粱地里，爷爷杀人越货，精忠报国。这两个看似毫不相干的词语，却在他身上达到了一种奇异的统一与和谐。我爷爷在反叛传统的“正统”与“英雄”时，显示出了无尽的生命力。这也是莫言小说中独特的话语体系和生命野性。

在莫言之前，从来没有人会把抗日的英雄写成这样。通常小说里的英雄，往往会带有一种完美的形象，他们没有弱点，意志坚强，智勇双全，总能够将坏人赶尽杀绝。

然而在《红高粱家族》里，每一个人自身就是一个对立的世界。许多人都认为，《红高粱家族》在中国现代文学史上有一种断裂性的意义。它颠覆了此前文学的审美标准、叙述方式，开创了文学的现代性。

国民党在高密东北乡的头领是冷麻子。他找到爷爷，想要收编爷爷的土匪队，共同抗日。爷爷听后怒不可遏。爷爷从不认为自己是土匪，在他看来，只要能打日本人，就是英雄好汉。爷爷尤其看不起冷麻子嘴上说着抗日，实际上却一场仗都没打。

碰了一鼻子灰的冷麻子告诉爷爷，鬼子将从墨水河大桥上经过，他想和爷爷联手对付鬼子。但到了真正战斗时，冷麻子的人连影子也看不见。

那天，爷爷组织了一队人马，带着我父亲，穿过高粱地，去墨水河大桥边伏击日本人。在混战中，我父亲打死了一个日军少将。但由于缺乏经验，埋伏在桥边的队伍很快就被发现了。日本人先开了火，打死了正好来送饭的奶奶。在接下来的混战中，爷爷的队伍几乎全军覆没，只剩他们父子两人。

我爷爷并不是什么“高大全”的抗日英雄，他在和日军作战时却是格外英勇，但墨水河大桥战役也仅仅是被冷麻子刺激后的意气行事。他虽然和奶奶感情深厚，但也和恋儿有私情。

我们习惯用附加在抗日战争这段历史之上的国家主义、集体主义、英雄主义的历史观，习惯了悲壮而宏大的史诗性叙事，以及涌现出来的各式各样的英雄人物。然而《红高粱家族》猝不及防地颠覆了我们对历史和抗日英雄的认识。

《红高粱家族》里没有英雄，甚至我爷爷一出场，那句对他的评价："日后名满天下的传奇英雄"，也不过是讽刺他目光短浅，在高密东北乡称王称霸就像是拥有了整个天下。

墨水河大桥战役结束后，爷爷带着前来迎接的村民，将奶奶和战死的乡亲们的尸体埋葬在了高粱地里。紧接着，他带着父亲混进城里，买了足够的弹药，准备找冷麻子算账，村子里却遭到了日本人的报复。村民们顽强抵抗，爷爷就带着父亲在高粱地里放冷枪。日本兵气得骑着马冲进高粱地里，一阵横冲直撞，但始终找不出爷爷和父亲。

经过激烈的战斗，村子还是没有守住。日军和伪军进村子的时候，正是中秋节的晚上。这场屠杀和大火之后，村里的人几乎死绝了。

阅读《红高粱家族》，我们很容易发现，这其实是一个和讲述者"我"没有什么关系的故事，我甚至连历史的见证者都算不上，这个故事的亲历者——我爷爷和我奶奶都没有向我讲述过它。我写下的是一个属于我爷爷和我奶奶的时代。

我只是在一遍遍地回到故乡寻访他们故事的时候，才发现自己与他们、与那片深厚的土地之间血浓于水的关系。我站在历史之外，注视着这些与我血脉相通的人的悲欢离合，他们命运的大起大落。作为这个故事的旁观者，我也比他们更清楚，个人的力量在历史中是多么渺小。

作为一个家族中的晚辈，我看见了爷爷和奶奶对爱情的大胆追求，却也看见爷爷双手沾满鲜血；我看见了爷爷打日本人时的英勇，却也看见了他当土匪时的丑陋和罪恶。我因为这鲜血和罪恶恨透了这片土地。

但不管怎么说，这都是我家族的故事，故事里的人都是我的至亲，故事发生的地方，是生养我的家乡。在面对他们的悲喜时，尽管隔了数十年的时光，我也不可能完全无动于衷。

因此我有一种强烈的寻根的渴望。我尝试着通过故事，与爷爷和父亲进行隔空对话。

我知道爷爷和父亲出身草莽，但绝非什么英雄，贫穷落后的高密东北乡几乎“耗干了祖先们的血汗”；但那种血浓于水的亲情，那块埋葬着祖先灵骨的土地，都组成了一种神秘而遥远的召唤，那是面对未知世界时的一种庇护。

不管是美丽还是丑陋、超脱还是世俗、圣洁还是龌龊、英雄好汉还是王八蛋，都是与深厚的黑土地，与黑土地上长出的血红的高粱紧密相连的生命最原始的形态。越是原始，越是具有强悍的生命力。

我回到家乡进行大量的调查，不仅是为了寻根、为了给家族树碑立传，更是对祖辈和父辈那种强悍的、粗犷的生命野性的追悼，是我对这一代生命力退化的痛心疾首，是对于回归这种原始生命状态的渴望。

这是一种家族的生命力的接续。家族和故土最终成了我的皈依，所有对历史的关怀都指向当下。我是家族历史的继承人，是历史和现实的连接者，我就是我爷爷和我父亲存在的意义。

那场几乎使我们村子灭绝的屠杀之后，村里就成了野狗的天堂。

父亲看不过狗吃人肉，于是决定打狗。而狗也在领袖的带领之下不断进攻村里的尸体堆。高粱地里延伸出来三条被狗爪子踩出来的小路，三只领袖狗各领一支队伍。那种狡诈与贪婪，那种与人类社会高度接近的行为模式，让人在恍惚间觉得，三队狗之间的合作和斗争，也映射了人类群体之间的合作与斗争。

脱离了人类社会的狗不再是驯良的动物，而成了吃人的野兽。同时，人与狗的斗争也隐喻着人与自身兽性的斗争。不能让狗吃人，这是人的尊严的底线。

在经历了与狗长时间的对战之后，有组织的、成群结队进攻的狗终于退散，人最终还是站在了食物链的顶端。这是人性对于兽性的压制，《红高粱家族》中所有原始的野性、粗犷、狂放与迷醉，都是建立在这种人性之上的。

与狗战斗的这一章，题目是“狗道”，是《红高粱家族》里最富魔幻色彩的一段。在这里，狗成了披着狗皮的人，它们循着一日三餐的时间每天三次相互合作进攻尸体堆，相互之间偷袭，争夺食物、母狗，还有领导权。人与兽之间原本坚不可摧的界限开始动摇、模糊，“狗”构成了一个多义的隐喻。

近两年后的 4 月，爷爷说要兑现他在奶奶刚死时许下的愿望，给奶奶出一场大殡。

这个时候的爷爷，加入了类似义和团的铁板会，并逐渐取得领导地位。铁板会成为这一时期高密东北乡事实上的领导者。爷爷他们为了敛财，在冷支队和江大队撤走后，在高密东北乡“发行”纸币。发行的意思是，当铁板会的人拿着他们的纸币去买东西，商贩不管愿不愿意，都得把东西卖给他们。

爷爷能为奶奶出大殡，就是依靠这种变相的强取豪夺。就连奶奶的棺材，也是从一个清朝的老秀才那儿抢过来的。

沿街围满了看热闹的百姓和小商贩，铁板会会员拿着大枪维持着秩序。奶奶的棺材和神位被抬上了路，父亲披麻戴孝地哭着，大殡庄重而烦琐地进行。

突然，送葬的队伍前头传出一声枪响，紧接着手榴弹落在了看热闹的人群中，人群顿时炸开了锅。爷爷抱着父亲滚进了路边的浅沟里，他清楚地看见了，偷袭他的正是江小脚带领的胶高大队。

爷爷看见对方脸上那种贪婪的表情，知道他们眼馋铁板会手里的枪。往日里慢慢滋生的对对方的好感变成了咬牙切齿的憎恨，他们混战成一团。冷麻子这时出现，坐收渔利还绑了所有人。后来日军开始扫荡，我爷爷和我父亲在战乱中得以脱身。

《红高粱家族》中的高密东北乡，是富饶的、神秘的，但更是丑陋的、血腥的。地里绵延不绝的高粱，就像是被血染红的一样。在这里，“万物都会吐出人血的味道”。

莫言曾说过，他并不是想要描写战争，只是故事的发生和发展，刚好需要一个战争的背景。

只是莫言笔下的战争，并不是我们所熟悉的、鲜血染红大地的庄严肃穆，而是一片狼藉，充满了死寂的色彩斑斓。所有违背常识的颜色组成了一幅绚丽夺目、对比强烈的后现代主义的油画，在极端的荒诞之中分解了历史与国家这样宏大而抽象的概念，从而凸显出生命本身的存在。

就如鲁迅所言：“过去的生命已经死亡。我对于这死亡有大欢喜，因为我借此知道它曾经存活。死亡的生命已经腐朽。我对于这朽腐有大欢喜，因为我借此知道它还非空虚。”

莫言极其擅长将血腥与优美放到同一幅画面中，造成一种诡异的和谐与审美的体验。蠕动的血肉、残破的尸体、生蛆的白骨与战争中的残垣断壁、破败的田野一道，构成了《红高粱家族》的背景幕布。

而在这样的背景下，莫言又用不寻常的手法，将故事拆成一个一个碎片，打乱时间顺序，再进行拼接。《红高粱家族》所采用的这种叙述方式，也一直为莫言本人所津津乐道：不连续的时间、不停切换的叙述对象、荒诞的历史……

这一切，在它的审美意蕴之前首先给读者造成了一种阅读上的困难。正是这种困难，使得我们与小说之间产生了一种人为的距离。这种距离加强了我作为旁观者的身份，也因为这种旁观者的身份而获得了一种对历史的重新认识。

《红高粱家族》里的叙述是破碎的，叙述中有大量的空白让人摸不着头脑。这些都成了家族历史里的空白。这空白也是历史的空白，它是无法被填补的。

尽管莫言一再否认他的创作风格是“魔幻现实主义”的，但是《红高粱家族》却有一种非常“马尔克斯”的开头：“1939 年古历八月初九，我父亲这个土匪种 14 岁多一点。他跟着后来名誉天下的传奇英雄余占鳌司令的队伍去胶平公路伏击日本人的汽车队。”

在这段话里，每一句的时间观念都是不一样的。它与《百年孤独》的开头如出一辙：“多年以后，奥雷连诺上校站在行刑队面前，准会想起父亲带他去参观冰块的那个遥远的下午。”

《红高粱家族》所叙述的历史，从一开始就和流行的、明确的、连续性的历史不同。这是一部家族的“野史”，也是一种叛逆。通过这种叛逆，莫言构建起小说自身的历史观：人性是深刻而复杂的，真正的历史中我们往往难以找到一种像书里那样绝对正确的“正义”。

麦家：
人类灵魂的实验室

说起《红高粱》，大家可能首先会想到诺贝尔文学奖。此刻，我想到的是一张照片，这张照片曾一度在网上疯转，因为照片上有三个大名鼎鼎的人物：一个是莫言，一个是张艺谋，一个是巩俐。

我平常不大上网，但依然印象深刻：在莫言得诺奖的那一年，这张照片像一场台风一样，在网络上呼啸来呼啸去，无往不胜，连我都刮目相看。现在有个词叫“刷屏”，而我们现在又是靠屏幕活着的，屏幕是我们的世界，我们是屏幕的奴隶。我不知道这是好事还是坏事，但莫言获得诺贝尔文学奖一定是好事，他们三人走出国门，走向国际，也总是好事。

这张照片之所以被疯转，有一个怀着民族心的理由，照片上的这三人都代表中国在世界的舞台上亮了相，长了国人志气。因为莫言获得诺贝尔文学奖，他们在国际上的地位又顺风顺水地被抬高一级：这是世界性的一级！套用第一位登上月球的美国宇航员阿姆斯特朗的话说：这是诺贝尔文学奖的一小步，却是中国的一大步。

今天的我们，似乎特别需要世界来认可、认领。我也不知道这是好事还是坏事。大概是好事吧，我们心底有了世界，有了同世界交通的欲望和底子。

但大概也不见得全是好事，过于在乎他人的目光，是心底虚弱的缘故。走自己的路，让别人说去吧，说这话的人我想一定有一颗坚强的心。我经常学习、鼓励自己这样做人，同时又经常失败。我心底是虚弱的，我绝对没底气和勇气说出这样的话：我想佩服人，就去照镜子，里面的人是我唯一佩服的人。这个人是李敖，我也佩服他，才气和勇气集于一身，附带一丝流气。

莫言自称是个“讲故事的人”，2012 年 12 月 7 日下午，莫言在瑞典文学院的金色报告大厅进行诺贝尔文学奖受奖演讲，演讲的标题就是“讲故事的人”。故事讲到那里去是了不得的。

我是了解莫言的，对其人、其事、其作品都不陌生。首先我们是朋友，其次他还是我在中国人民解放军艺术学院文学系的学长。

1989 年夏天，我到中国人民解放军艺术学院报到，那时莫言已经有了一系列“红”的东西：《红高粱》《透明的红萝卜》《红蝗》等，他是当时中国文坛最灿烂的明星之一。名气大了，就会被人谈论，同学谈，老师谈，真真假假，沸沸扬扬。给我印象最深的一个故事是，莫言差点儿没读上中国人民解放军艺术学院，因为他报名迟了。那时莫言没什么名气，想到这里读书的人又多，错过时机。但他走运，遇到一个贵人，就是当时文学系主任徐怀中先生，他读了莫言一篇小说《民间音乐》，觉得十分好，便对他网开一面，特事特办，补上机会，迟而不晚，有惊无险，做了我的学长。

没有徐先生的慧眼，莫言会不会有今天？不好说，但人生就是这样，没有如果，只有后果。后果就是这样，徐先生没有看错人，莫言在校期间写出了一批后来享誉文坛的作品，其中包括《透明的红萝卜》《红高粱》《欢乐》《金发婴儿》《白狗秋千架》《狗道》《红蝗》等。《红高粱》很快被张艺谋看中，拍成电影，在国际上摘得大奖，让莫言声名大噪。

我最早看的莫言的小说是《透明的红萝卜》，发表在《中国作家》杂志上。这应该也是莫言最早的成名作，一经发表即在文学界盛传，好像发现新大陆似的。小说写的是一个奇异的孩子，顶着一个大脑袋，端着一张黑炭似的大脸。他身世惨淡，从小受继母虐待，缺乏最基础的爱；他性情也怪，不说话，甚至不识好歹，不知疼痛；时常独自一人，漫山遍野乱窜，跟树木，石头，牲畜说话。他甚至有特异功能，对大自然有超强的触觉、听觉、嗅觉。总之，这是一个怪孩子，有点傻，受人欺，遭人嫌。

我当时看，并不觉得好，既没有结构精巧的故事，也没有撕心裂肺的深情大义，更没有撩人的力比多、荷尔蒙，硬着头皮看下去，勉勉强强看完，惘然得很，也惭愧得很。因为别人都在叫好，我却视而不见，看不见门道，说明我是个门外汉。确实，这不是莫言的问题，是我的问题。那时我刚接触文学，功夫浅，眼界窄，整个文学的经纬坐标系统尚未搭建好，只会看热闹，不会看门道。我那时看的，国外是罗曼·罗兰、大仲马、小仲马、柯南·道尔、狄更斯、雨果、高尔基等，国内是李存葆、张贤亮、谌容、张洁，这些故事完整、情感饱满、反映人间悲欢离合的，俗称为现实主义或浪漫主义的作品，对《透明的红萝卜》这类充满隐喻和意象的探索性作品还领受不了，吃不下，胃口很小。今天回头去看，当然是有知有觉，可圈可点，佩服得不行，里面蕴藏的文学质量和重量都是足够的。尤其是在 1985 年，中国文学的现代性刚有起步之势，莫言能领风气之先，独出心裁，写出这样个性鲜明、闪烁着异样光芒的作品，实属难得，是神来之笔。

从《透明的红萝卜》到《红高粱》，对莫言来说只是一个水到渠成的过程，虽然表现形式和体量、容量有大的区别，但此莫言和彼莫言是连在一起的，不过是华丽转身而已。

好作品读罢总是有些令人不舍，像和恋人分手，身子分开了，心还贴着、连着。《红高粱》就是这样，读完像钻进了那片无边无际的高粱地，出不来，也不想出来，兴奋又压抑，迷人又迷茫，伤感又性感，幽暗又悠远，五味杂陈，五彩纷呈，像心被一只纤纤的、温柔的暖手捏碎了，既是痛的又欢喜这痛，痛并快乐着。

现在我来分析一下这部作品的特色，思想的、艺术的、人物的、语言的，流派的，方方面面，这部作品都充满特色。近30年来，它的种种特色已经被很多人评说过，有关它的评价已经构成自己独立的一个被解释的世界。今天我来评说，我马上想到，可能我要说的每一句话都是废话，所有聪明的话、深刻的话、漂亮的话，甚至荒谬与自相矛盾的话，都已经被人说过了。

但我还是要说，因为我对这部作品有感情，也因为大家对我有期待。

我认为，一部作品的阅读史就是一部漂流史，每一个变化的评判背后，都隐藏着一个时代的影子，是一个时代的文学在这一阶段的困惑、探索、变异，其中不乏痛苦和欢乐。

1986年，我们刚开始接触拉美文学，家族叙事和魔幻现实主义成为我们心中文学创新的样板，个性的解放、内心的自由，成为我们这代人新的价值观，我们隐隐约约地感觉到，很多文学作品所讲述的革命和国家的历史，并不是那么合适、贴切，至少是单调的、褊狭的。我们拥有了自己陌生的文学，带现代性的文学。莫言的《红高粱》在这些方面满足了一个时代的阅读期待：原来历史还可以这样写！他写人性与欲望代替阶级斗争在历史发展中的作用，以土匪的视角解构了教科书式的抗战史，以家族回忆的方式替代了宏大叙事，被称为“新历史主义”的开山以及代表之作。

现在我们经常引用哲人的话，历史是“任人打扮的小姑娘”，甚至有人语不惊人死不休，说历史就是“任人摆弄的婊子”。但在20世纪80年代，历史对我们来说就是事实，像真理一样具有权威性，不容置疑，只能学习、借鉴、尊崇。《红高粱》像马塞尔·杜尚的小便池，一马当先，一针见血，挑开了历史神秘的面纱和肌理。正如杜尚的小便池吹响了达达主义的冲锋号角，哗然地改变了西方现代艺术的进程：莫言的《红高粱》让我们长出了“第三只眼”，我们开始射出怀疑的目光、探索真实的目光，从而踏上了重新审视我们历史的进程。

正所谓一切历史都是当代史，《红高粱》的写作方式，绝不仅仅是要抵达“历史的某种真实”，而是历史为什么竟会以这样的方式进行讲述、呈现。很多人都会对父母的情史有极强的窥探欲，对物质财富有隐秘的抢夺欲。这并不奇怪，哲学家说人们都喜欢问“我从哪里来”。但在中国的伦理框架下，并没有多少作家愿意或者说有勇气探究这些秘密，《红高粱》扯一块“家族史”的幌子，妄自嘲弄：父亲是土匪，母亲是“婊子”，自己是“杂种”，以此把情欲和情史摊开来，把家史和历史摊开来。这摊开的何止是家史、历史，而是勇气，是挑战，是“夜来风雨声，花落知多少”。

小说的语言、人物、思想、主题都富有强烈的个人色彩，一种欲望强烈到喷出来的个性。回想一下当年电影院里令人激动的那些场景，我们就会知道，这样充满荷尔蒙和情欲的叙事绝非偶然。最蓬勃的生命力，最理直气壮的情欲，最张扬的色彩，最狂欢的表达，在观众和影片细节所达成的每一次交流的默契里，已经暗示了一个生机勃勃的欲望时代的来临。那些重新合法化的物欲和情欲并非历史的场景，而是一个时代集体心态的真实摹写。在这个意义上，《红高粱》与17年革命历史题材小说一样，同样是最具政治意义、最吻合当时主流意识形态的文本。这是《红高粱》被读者接受且被影片定格的基调，我们要从作茧自缚中解放出来，放飞欲望的梦想：它们沉睡太久，睡得身子僵硬，却不甘心僵死，一有机会，便跌跌撞撞地爬起来，要跑，要飞。

但我惊讶地发现，20多年后的这次重读，是一次冰凉的相遇，它淡去了我记忆中的焦躁和炽热，变得幽深、迷茫，甚至是忧郁和诗意的一种相遇。就是说，它在历史和政治架构之外，其实是丰盈的艺术之美。无疑，它同时具有文和野的两个价值取向，或者说，在它勇敢的蛮力与激情之后，隐藏着作家对于战争、生命、死亡与人心、人性的诗意表达。我是说，莫言不可思议地找到了自己个性化的表达方式，他的既肉感又灵性、既粗粝又细腻、既炽热又苍凉、既野蛮又优美的“狂欢化”文体，为我们开创了一个时代的文学疆域和记忆。只是这一面，在文学史和批评史的叙事里被轻轻抹去了，也被政治和历史放大的我们忽视了。

莫言在回忆《红高粱》的创作动因时曾说，他想写战争中的人和人性，把战争当成“人类灵魂的实验室”，他心中的典范是苏联电影《第四十一》。这种人道主义的战争叙述，本来也足以构成反叛的因素，只是在当时，在更为新鲜时髦的话语面前，批评界对此集体沉默。这足以看出那个时代人们对身体和思想的解放，对张扬欲望的急切和褊狭。

莫言也曾经说过，他曾按批评家的意见或建议自觉地调整过写作方向，比如说更魔幻一点，更恣意汪洋一些。这种时髦话题在多大程度上压倒了文本本身呢？魔幻主义有没有限制和抹杀了莫言的另一种可能性呢？为什么他后来会更多地向汉语写作自身的传统撤退？民间叙事，寻根寻祖，猫腔，《丰乳肥臀》，《生死疲劳》，《师傅越来越幽默》。

批评总是不断迎合“当下”的需求，却忘记了这种“当下”总有一天也会变成历史。其实，一个作家的写作史，某种程度上也是与批评家不断妥协和较劲的历史。但是不管怎样，批评与写作这种合谋与互动总比两不相干要好，而在这种语境下竟然能写出一系列如此非凡的作品，这不得不归结于莫言天赋的才华。当作家是要天赋的，当然“先天”是“后天”造成的。换句话，没有后天的汗水，先天不过是天上的彩云而已，落不了地的。莫言的高粱地里，洒下的汗水，结成了盐。

《解密》

天才，乃人间之灵，少而精，精而贵，贵而宝。

像世上所有珍宝一样，大凡天才都是娇气的，

娇嫩如芽，一碰则折，一折则毁。

导读：
最深奥的密码是人心

《解密》是麦家最成功的作品。

说它成功是因为它是一本非常奇特的书，可以说是麦家所有作品中最玄妙、最复杂的一部。读它的过程就好像走入了一座迷宫，经常会因为摸不着方向而被困其中，又好像身处在一场不期而遇的梦境里，梦中隐喻让人忘记了自己。这本书本身就是一个谜。所有关于破译和破译天才的秘密也都藏在《解密》里。

在我们谈这部小说之前，请大家先回忆一下我们所了解的天才都是什么样：爱因斯坦、特斯拉、图灵、霍金，他们无一不拥有着孤僻神秘又充满传奇的一生。有人说，天才注定孤独，注定传奇。麦家却说，天才之所以成为天才，是因为他们某一方面将自己无限地拉长了，拉得细长细长，游丝一般，呈透明之状，经不起磕碰。

《解密》讲述的就是一个沉浸在密码世界中的破译天才容金珍的故事。在这本书里你将会看到天分的原生家庭，天才的传奇出生和怎样被教育长大，后来又是怎样被发现并应用自己的天分创造奇迹的。我们在一点点揭开容金珍神秘面纱的同时也会进一步看到一个天才性格中的优势和劣势，并了解到他极端脆弱的一面。因为《解密》在塑造天才的同时也毁灭了一个天才。

《解密》这部杰作对于麦家本人来讲，“不是一次写作，而是我命运中的一次历险，一次登攀，一次宿命……它几乎是我青春的全部，我命运的一部分，是我本真本色的苦和乐，也是我不灭的记忆……”

因为它从1991年开始写到2002年出版共经历了11年。在这么长的时间里，麦家本人也经历了他人生中的几次坎坷和命运转折，并最终让这部杰作问世。曾经就职于特殊单位，这段工作经历为麦家创作《解密》提供了丰富的素材储备。用麦家自己的话就是“我是我写的这群人的邻居”。而痴迷于博尔赫斯作品的他又在创作《解密》时完美地将梦境、镜子、迷宫三要素和破译工作相结合，让“不可说”变成“可写”，让“秘密”终被“解密”。

1991年，27岁的麦家在北京魏公村的中国人民解放军艺术学院拿起笔准备写一个大东西，这就是《解密》。当时，麦家已经在国内不少期刊上发表过作品，已是小有名气的作家，但创作《解密》对于他来说仍然是一个很大的挑战。因为写这本书的关键问题不是写什么，而是在于怎样写。毕竟，那种别人常用的手法是他所不想的。再加上他写作的题材包含了破译天才、谍战部门、国家命运等综合体，在之前的当代文学史上还没有人触碰过，唯有用一种或者几种不同的叙事方式才能突出重围。

《解密》从内容上讲有两个维度：一、它是一部构筑在江南大盐商容家数百年兴衰脉络上的家族史。这个维度决定了它必须要考虑到传承传统叙事手法，将“久远”“神秘”“中国”等特性铺展开来，也就是《解密》前四分之一呈现的部分。二、它是构筑在特别单位“701”基础上，围绕一个破译天才展开的破译史，同时也是一部英雄奋斗史。

维度二又决定了它必须要蕴含无数个“绝密的”“高远的”“历史性的”意义，因为主人公是破译天才的身份决定了写法的禁忌性和深远性。

有人说，《解密》的前四分之一是传统写作的经典模式，而它的后四分之三则完全是开创了一种全新的“迷宫式”叙事技巧，无论从结构、叙事角度、讲故事的进度还是主人公必须要切入保密的内容来讲，都让人在阅读它的时候陷入了谜团。任何试图把它定义为混乱的、看不懂的、不好好讲故事的举动，都是在最开始时没有认识到这一点。

毕竟，这种方式在当代文学中是创新的，在此之前的国内文学中可供参考的作品也是寥寥无几。但同时，我们也应该注意到这部作品在出版了十几年后竟然还在2014年被英国企鹅经典收入，并迅速翻译成33种语言在全球热销，足以证明了这部作品深不可测的潜力和前瞻性。

诺贝尔文学奖得主莫言曾说过：“我梦想着能写一部像《解密》这样的书。”德国知名文学评论家亚涅斯基谈及《解密》时曾说：“《解密》的主人公性情很怪，很自闭，让我想起格拉斯的《铁皮鼓》。在我的眼中，《解密》不是谍报小说，而是年轻中国作家写的一部具有现代性的西方小说。”

西班牙著名作家哈维尔·西耶拉也说：“《解密》的主人公容金珍是一个非常独特的文学形象，与西班牙某个文学形象相符合。容金珍是一个非常偏执的人，是一个天才，他一生渴求知识，而且无功利性。在小说中随着情节发展，他多次改变名字，这样的形象，对我们西班牙读者来说，当然就是塞万提斯笔下的堂吉诃德。”

《解密》的故事是从一个叫铜镇的地方开始的。

容氏家族就在铜镇，是江南一带有名的大盐商。1873年，容氏家族的老奶奶在半夜里经常被各种纷繁复杂的梦纠缠。一个年轻的西洋人给她释梦却无法易梦。他提出要派一个容家后人去西洋学习易梦。容家第七代传人容自来被选中去海外求学，阴错阳差却在大学里学习了数学和方程式。7年后，也就是1880年，他回国的时候，容自来不但剪了辫子，改名叫约翰·黎黎，还创办了黎黎学堂。

黎黎学堂里有一个叫容幼英的女子是黎黎的侄女。容幼英有个又圆又大的虎头，还擅长计数和演算。长大后的她来到剑桥大学学习，被人叫“大头算盘”。她只用了388枚铁钉就复制了牛顿数学桥，并获得了剑桥大学数学博士的学位。可是几年后，容幼英却因为难产去世，生下来一个叫“大头鬼”的儿子。没想到大头鬼长大后又因为作恶多端被仇人杀死，幸好有一个外省女人来到容家又给大头鬼生了一个叫“大头虫”的儿子。

故事写到这里，作家突然笔锋一转，将视角转换到了写故事的“我”身上来。故事外有故事，书写者也是故事人物正是本书的秘密之一。“我”为了撰写这本书先后采访了51位年老的知情人，查阅了上百万字的资料。我有意选择南方作为写作基地来写这个故事。

外省女人因生大头虫难产去世，大头虫被当年给老奶奶释梦的西洋老人收作义子在梨园抚养长大。他像一条虫一样地生，如一根草一样地长。西洋老人临死前写信给小黎黎请求他来接大头虫。小黎黎也回到容家，在一片梨花飘落的树下看到了12岁的大头虫，并发现了他惊人的数学天赋。在去省城的船上，小黎黎给孩子起名叫金珍。

写故事的“我”再次出现。我特意去N大学采访了小黎黎的大女儿容先生。容先生说母亲让父亲把容金珍接回家住。金珍喊母亲叫师娘，喊我叫师姐。金珍的性格孤僻，爱钻牛角尖，却极为聪明，竟然无师自通地摸索出等差数列求和的演算公式。因为这件事，他直接读了N大学的附属中学。金珍非常爱师母，曾划破手指写了一份血书表明了对师母的爱。

金珍在上学时又因为聪慧过人被大家起了个绰号叫“瓜儿天才”。他连续跳级并在16岁那年以全省第七名的高分顺利考进了N大学的数学系。外籍教授林·希伊斯仅给金珍上了两星期课就发现了金珍的数学天赋，并预言说：“N大学又要出一个大数学家呢！”

因为他开学第一天按照惯例给学生们出了三道题，都答对就可毕业。金珍没有多久就全部答对了。他看出金珍和容算盘·黎黎的血脉关系，建议金珍直接作毕业论文。1949年，希伊斯去美国又带回了当年普特南数学竞赛的试题。金珍做试题得了42.5分，高于前十名的平均分。希伊斯找到小黎黎，希望送金珍留学并亲自给斯坦福大学数学系系主任写信为金珍争取到了免费入学斯坦福大学的通行证。可是，一场突如其来的肾病却让金珍失去了留学机会。希伊斯在那之后也离开了中国。金珍病好后重返课堂。此时正是抗美援朝时期，希伊斯写信又给金珍提供了一个留学机会，但小黎黎却伤感地告诉金珍，在这件事情上上帝没有站在他一边……

1956年夏天，在雨中跳舞的郑瘸子来到学校招聘人才。经过诡异的选拔考试，郑瘸子最终选中金珍。金珍带着小黎黎送的钢笔和容金珍这个新名字，随着一辆吉普车消失了。在他走后，不少人都猜测他是去造原子弹的功勋，因为他去的地方似乎非常神秘。

我采访了郑瘸子郑局长。他告诉我说容金珍做的事比造原子弹还要有意义。这一刻，我才知道容金珍干的是破译。破译是一位天才努力揣摩另一位天才的心的事业，是最高级的厮杀，神秘又阴暗的勾当，把人类众多精英都聚集在一起，只为猜想由数字演绎的秘密。密码的了不起就在于此。

容金珍开始在701并没有被看重，因为他不务正业，总去松树林跟一个叫“棋疯子”的元老下棋。此时，希伊斯又接连给容金珍写了几封信，劝他千万不要做破译。701领导检查了信件后见希伊斯在信中提到了紫密，而紫密是701当时的最高密码。他们就冒充容金珍给希伊斯回信，诱使他提供破译线索。但没过多久容金珍在梦中把紫密破译了。

当时，很多人都怀疑容金珍的能力，郑局长还特意去容金珍的宿舍，看到他画了各种密码体系图表。他等于是把手搭在了密码史前辈的肩膀上。只有两种人敢冒此大险，真正的天才和真正的疯子。而容金珍是天才。破译紫密后，尽管金珍还是看闲书、下棋、圆梦，但人们对他的看法却变地为天，觉得他非常神秘和有魅力。而最终毁掉容金珍的是黑密。

黑密比紫密更高级。1966年，701和总部联合召开了黑密研究会。会议在北京本部召开。从A市出发坐火车要三天两夜。容金珍和他的保镖——外号“瓦西里”，坐火车前去开会。因为当时×国给容金珍标出了一百万的身价，所以瓦西里寸步不离容金珍。

会议结束回程时，容金珍躺在软卧车厢专心地看密码专家亚山写的《天书》。可火车开到半夜，他发现自己记录破译线索的笔记本丢了。瓦西里立刻向701报告。回到A市时，面对领导的指责，容金珍晕倒在地。后来的几天，他像游魂一样飘荡在B市的街巷，到了第六天晚上他终于发疯了。他喊道：“雨水让大地流动起来，可以把你的笔记本冲走，也可能把它冲回来——冲回来——”

瓦西里根据一个神秘的电话在邮筒里发现了笔记本。几天后，专案组又在一个废弃的造纸厂里发现了已经疯了的容金珍！

故事讲到这里，似乎已经结束了。但讲故事的写作者“我”又出现了。我因为父亲住院认识了奇人容金珍，后又专程到A市走访了701，看到了容金珍塑像，也见到了郑局长。郑局长揭秘了和容家的世交关系，并介绍了黑密的最终破译者——严实，让我去采访。当我见到严实后才了解到真相，原来他之所以能破译黑密，也是容金珍给他的神秘启示。

世上所有密码都是在有意无意间破译的！

在整部小说中，关于主人公容金珍的各种谜团贯穿全书。他的身世之谜、教育之谜、工作单位701之谜、破译密码的方法之谜，麦家有如手拿一把尺子，在揭秘和守秘之间精确地丈量着和读者间的分寸，从而让这部小说形成了一种独特的迷宫式结构，紧紧地吸引着读者往后看。真相距离你永远只有一步，但正当你要跨过这“一步之遥”时，麦家又会中止讲述，从另一个角度再次匍匐向前。

用麦家自己的话来说就是，容金珍作为一个破译家，一个特工，一个对于国家如此重要的神秘人物，用多重视角从不同人的嘴里说出来的内容拼成一个完整的他，反而更符合他的职业特性。因为很少正面直接描写容金珍但又将他传奇的一生如此详尽展现，使得本书曾获得过两种截然不同的评价，一说它“太虚假”，一说它“太真实”。

作为一部中国谍战小说的开山之作，《解密》不单单让谍战这一题材在当代文学中横空出世、惊艳亮相，还为中国谍战小说及此题材影视剧作品提供了破译家和破译工作的艺术原型和土壤，让其在最近十几年的中国大地上繁花茂盛。

读完《解密》，我们的心情有沉重，有释然，有感叹，有悲情。容金珍作为一个从小苦命的孤儿，在时代和命运的夹缝中顽强生长，因为奇异的数学天赋被赋予了神秘使命，却在挑战自我极限的同时把自己推向了毁灭。生存还是毁灭，这个问题对于容金珍来说只取决于密码。

本书语言细腻、敏感，充满悬疑和惊险。

开篇就用释梦和易梦让小说沉浸在一种充满了东方迷幻气质的古典小说意味中，又在之后通过大量现代小说技法，刻画人物内心，营造悬念，牢牢抓住读者。我们会惊叹于麦家塑造的这个人物，觉得他可能真的存在过、生活过；也会感叹他命运的悲剧，惊叹他所展示的天赋，并最终在“容金珍笔记本”中看到他最真实的一面。

这些牵动心弦的阅读感受，都来自麦家在本书中精巧的结构和超凡的写作技巧。

本书通过多重视角塑造的人物除男主人公容金珍外，还有约翰·黎黎、容幼英、小黎黎、西洋人、容先生、郑局长、希伊斯、瓦西里、严实等。《解密》不单单是一部独立的经典小说，还建立了一个 701 破译单位的系统，包括之后麦家的作品《暗算》《风声》《刀尖》中，都能看到从这部作品上获得的基因密码。

麦家曾说：“人世间最深奥的密码大概就是我们的人心。我们人的内心里面，藏着一个巨大的、深奥的密码，这可能是我们永远无法破译的，但我们又必须去破译它。”这大概就是《解密》中对于破译天才容金珍传奇命运最精确的解读。

麦家：
《解密》，我人生中的一块磨刀石

我至今写了五部长篇小说：《解密》《暗算》《风声》《风语》《刀尖》。我解读的是我的第一部长篇小说《解密》，出版于2002年。

第一部是我挑选解读它的理由。其实对自己的作品做评判、选择，是很为难的一件事情。再具体到《解密》这部小说上，我确实也有话可说。《解密》于我似乎不是一部小说，而更像是一段长达十余年的历史。这段历史本身具有小说的某种特性：曲折、离奇、辛酸、复杂、迷离，寻寻觅觅，是是非非，悲悲苦苦，最后总算是苦尽甘来，有个善良的结局。

过去了那么多年，我还清楚地记得动笔写《解密》的情景：那是1991年7月的一天，当时我还在中国人民解放军艺术学院文学系读书，在马上面临毕业离校的一天晚上，大部分同学都开始为离校忙碌了，我却像发神经似的坐了下来，准备写一个“大东西”。也许正是这种不合时宜的鲁莽的举动，暗示我将为它付出成倍的时间和心力。但我怎么也没想到，最终要用“十余年”来计！十余年已不是一个时间概念，而是一段光阴，一部人生。很难想象，写一部小说需要11年的时间，但《解密》就陪伴了我11年。这中间当然有我个人的原因，主观的、客观的，但主要是外部原因。

就我个人原因来说，这是我第一部长篇小说。我的写作经验、技术，可能都不是很成熟。从外部的原因来说，第一是小说的题材在当时确实很敏感，没人碰过，许多编辑吃不准，这部小说能不能问世，问世了会不会有什么影响；二是那时候我没名气，无名小卒一个，被人怠慢，人之常情。坦率地说，这部小说曾先后被退稿17次，这是很难想象的。因为反复被退稿，所以这部小说的写作时间被无限地拉长，最后拉长到了11年。我从1991年夏天坐下来写，出版的时候已经是2002年的深秋初冬了。

漫长的11年，几乎是我全部的青春，我也尝到了人生几乎全部的滋味。我经历了各种变化，从身份上来说，我经历了从解放军到武警，到转业军人，到国家干部，到有职无业的闲人等“几重变化”；从居住地说，经历了从北京到南京，到成都，到西藏，又回到成都的“频繁迁居”；从做人的意义上来说，又必然地经历了诸多人生大事，比如恋爱、结婚、生子、贫穷、病痛——有一次，我从双杠上开玩笑似的摔下来，结果离瘫痪只剩一步之遥。好在还有一步之遥，否则我也不可能当作家了。在经受了长达半年的复杂的治疗和锻炼之后，最后我总算赢得了一个“只是偶有不适”的好下场。总之，我的命运不能给《解密》一个好的机遇和待遇，所以它还我颜色，让我受尽折磨，似乎也合情合理。

因为受尽折磨，我曾经多次打算抛弃它，从六万字的草稿中理出一个两万字的短篇（《紫密黑密》，发表于《前线文艺》1994年春季号），再从11万字的草稿中整理出一部四万字的中篇(《陈华南笔记本》,刊发在《青年文学》1997年9月号）。这些都是我曾经想抛弃它和告别它的证据，但每一次放弃都不成功，每一次分别都分而不别。因为它在我心中长得太深了，我已经无法将它连根拔起。正如一棵盘根错节的树，你即使拦腰砍断树干，第二年它照样长出小树枝，不屈服于死。

就这样，《解密》生而死，死而生，生生死死，跌跌撞撞地一路走来，其步履是那么蹒跚、难堪，但是蹒跚中又似乎透露出几分不畏的执拗和蛮劲。我深切地感到，在创作《解密》的过程中，我性情中的所有优点和缺点都被最大限度地放大了。所以，我几乎固执地认定，这不是一次写作，而是我命运的一次历险、一次攀登、一次宿命。也正因如此，我对《解密》确实情有独钟，它几乎是我青春的全部，我命运的一部分；是我生命当中的苦难，也是欢乐，更是我难以磨灭的记忆。所以我要解读自己的一本书，我别无选择，毫无疑问，要选《解密》。因为它在我记忆的最深处，它给我的，既有苦难，又有欢乐；既是挫折，又是历练。

我经常跟人说，《解密》是我人生的一块磨刀石。通过写《解密》，我不但提高了写作的技巧，更提高了做人的境界。我懂得怎样去拥抱苦难，怎样得到磨砺，我的意志在磨砺当中变得越来越坚强，这就是我人生的财富，其实也是《解密》的财富。

我想，如果《解密》没有那 17 次的退稿，它肯定是另外一本书，而不是今天的《解密》。今天的《解密》是别致的、结实的。正因为它被反复地退稿，每一次退稿对我来说，或者说对《解密》来说，都是一次打击，同时又迎来一次生机。每一次退稿，它又变成了对《解密》的一次修改，也可以说是一次打铁。对人是打击，对稿子是一次打铁的过程。铁总是越打越硬，稿子肯定是越改越好。正因为有反复的退稿，然后迎来了反复的修改；正因为有反复的修改，这本书也变得越来越完善。

后来，2002 年这部小说在《当代》杂志发表，被中国青年出版社推出以后，反响很大。由于影视、外文翻译等原因，现在这本书的反响就更大了。尤其是外文翻译，它现在已经被翻译成 33 个语种，全世界很多国家都对这本书进行了各种各样的分析和报道，各种推波助澜、奖励激赏，成了我一生的骄傲。它曾经是我的伤疤，现在变成我的一朵花。

《解密》出版之后，迄今为止，一直有断断续续的各种评价，总的来说是好评居多。我个人觉得，《解密》这部小说在中国文学的历史上是有价值的。首先，它在题材上进行了探索，以前我们的文学作品写作的题材往往不外乎土地、乡村、军营、城市生活，很少有人去涉足所谓的“隐秘的世界”，尤其是破译领域。这一点，我可以毫不惭愧地说，是我第一次涉足这个领域。现在我们打开电视机经常可以听到“嘀嘀嗒嗒”的电波声，大量谍战题材的影视剧可以说是泛滥成灾。但这些影视剧的源头在哪里？我也可以毫不惭愧地说，就是从《解密》开始的。这个“嘀嗒”声是从《解密》及其姊妹篇《暗算》引进来的。通过《解密》，我为中国文学创作拓出了一个崭新的疆域，扩张了文学的地盘，这应该是《解密》的贡献之一。

我们以前纯文学的创作题材相对来说比较狭窄，很多领域我们都没有去涉足，所谓的“侦探”“谍战”，以前总是把它当作一个通俗小说的范畴，纯文学的作家很少去碰，不愿意去碰，不屑于去碰。我去碰了。我完全是用纯文学的方式来写了一个通俗题材的故事，一个破译家的故事。这在国内可以说是领了风气之先吧。

其次，我觉得《解密》给中国文学贡献了一个人物，这个人物就是容金珍。他是个破译家，身世非常奇特，其出生就是一个孤儿，然后像一只野狗、野猫一样地被人养大。但命运给他关上一扇门时，也给他打开了一扇窗。他在没有亲情的家庭里，由一个外国老人、一个传教士，同时也是一个析梦专家养大。命运对他是不公的，命运对他又是公正的，他从这位析梦专家身上获得了某种天赋，神机妙算的才能。长大后，他在数学上有惊艳的表现，不管是在大学读书，还是后来到了701的破译机构，他都有非常卓越的表现。他不但破译了“紫密”，其实也破译了“黑密”。破译紫密让他成了一代英雄，但在破译黑密的过程当中，他被打败了，但不是被黑密打败，而是被一个偶然事件打败。正因为不是被黑密本身打败，而是被一个小偷偶然的偷窃行为打败，让他败得非常凄惨。

总的来说，《解密》讲的是一个令人心碎的故事。它在令人心碎的同时，其实又是发人深省的。所谓解密，我坦率地说，它有两个“解密”：表面上，容金珍作为一个破译家，在破译一部部具体的密码，先是紫密，然后是黑密；如果他不出事，黑密之后肯定还会有其他“密”。作为一个破译家，他一生的任务就是破译密码，密码是破了一部又会生出一部，这是一个连环套。但我要说，这仅仅是小说表面的意思；深层的意思是，想解开人世的密码、人性的密码、命运的密码。我们是怎么成功的？又是怎么失败的？我们为什么会失败？我们为什么会成功？我们人性深处，有哪些灿烂的光芒？又有哪些黑暗？这也是一个“解密”，而且是芯子里的“解密”。

我经常想，人世间最深奥的密码大概就是我们的人心，我们内心里藏着一部巨大的、深奥的密码。这可能是我们永远无法破译的，但我们又必须去竭力破译它。我们读书也好，写书也好，其实都是想破译人心，了解人性，揭示人类生存的苦难，生命的密码。

第三个特点，我觉得这部小说的表现手法也是别致的，它采用多重视角——有人算过，有七个视角——对容金珍的一生一世进行了破译。为什么要用那么多视角？这是和容金珍本身的职业、性格有关。容金珍几乎是一个患幽闭症的人，很木讷，不喜欢交流，也不擅长交流；他在现实面前是那么笨拙，那么无能、无助，完全是一副可怜相，就像他人生的终点，充满了让人惋惜的痛；同时，他的职业又那么秘密，从事的工作又那么简单，就是一支笔、一张纸，面壁苦思。这样一个人，不管是性格也好，职业也好，都是很难表现的。他没有行为，没有语言，甚至也没有情感，怎样去塑造这么一个人物？这对我，甚至对每一个作家来说，都是一种考验。

一个生龙活虎的人，一个活色生香的人，我们要去表现他总是可以找到各种各样的方法。他有日常生活，有世俗经验，有人际关系，有欲望，有爱恨。容金珍什么都没有，只有才华，只有孤独，只有千篇一律的工作，怎样去表现这样一个没有日常生活的人物？我遇到了巨大考验。为什么这部小说被反复地修改？因为我一直没有找到，怎么去表达一个行为如此简单、性格如此木讷的人物的手段。在反复修改的过程当中，我最后找到了这种“多重视角”，他始终在被人传说。

作为一个特工，一个破译家，一个国家的宝贝，他的身份如此秘密，他的故事是被锁在铁皮柜里的，我们很难正面地去描写他，正面地描写就假了。这种人往往生活在传说里，我们总是能道听途说一些，这个人听一耳朵，那个人又听一耳朵。我让这些人——他身边的人——来说，通过多视角，剥洋葱似的，一层层剥开，最后呈现一个立体的人物形象。这也是符合这种人物的职业特征的。

小说最后一部分是容金珍的日记。你在看他日记之前，这个人物始终是个剪影，是扁平的，你听不到他自己说话，也听不到他跟别人的对话，更没有心理活动。如果一个人物没有声音，没有心跳，这个人物总是苍白的，所以最后我又找到一个角度——把他过往的日记摘抄出来，这样就填补了容金珍的内心。这些日记，让容金珍原本苍白的内心丰满了，被点上了色彩。这都是反复推敲出来的，不是即兴之作。

所以，这部小说在表现手法上、人物塑造上，我是花足工夫、挖空心思的。什么人说什么话，什么人应该有什么样的结构、什么样的表现方式。容金珍，也许只适合用这种传说的方式来表现。这种方法如果对另外一个人物，在另外一部小说里面，可能是不合适的，但放在容金珍身上是妥帖的。这种妥帖很重要。

在我和很多读者的交流过程当中，他们反复给我的一个回应就是，都以为这个人物是真实的，是我生活当中曾经出现的，或是我采访过的一个人物。其实没这回事，纯粹是我虚构出来的。他是“假”的，我一手捏造的，可为什么读者会觉得真有其人？就是因为我找到了一种非常妥帖的方法来表现他，让人信以为真。以假乱真，让人信以为真，其实是小说的最基本层面的要求。理论上，小说都是假的，始于虚构和想象，但必须抵达真实，没有真，谈何立于善和美？失真的善和美就是伪善和臭美。

《解密》现在已被翻译成33个语种，英文版在英国和美国有各自的版本，其中美国的版本是FSG出版公司出版的，出版以后确实在当地引起了强烈反响，《纽约时报》《华尔街日报》《纽约客》等主流媒体都做了广泛的宣传，好莱坞也关注到它了。好莱坞有一家影视公司，曾拍摄过《国王的演讲》《模仿游戏》等，目前他们正在筹备拍摄《解密》。如果顺利的话，在不远的将来，《解密》应该会被拍成一部电影。我对这部电影很期待，因为剧本写得很好。我希望通过这部电影，让更多的人来关心像容金珍这样的一群人。这是一群默默奉献的人，他们应该得到我们的关注，应该得到我们的爱。如果没有他们的奉献，哪有我们今天安宁的生活呢？

任何一部作品都有人喜欢或不喜欢，我觉得，喜欢和不喜欢对我来说具有一样的价值，就是读者的价值。我从读者的好恶当中，可以看到我作品的分量和质量、问题，要从喜欢当中去看，也要从不喜欢当中去看。任何东西必须要立体地去看，它才会有客观的结果。小说，是从主观世界出发，回到客观世界。客观就在我们身边，但时常被我们的主观忽视，甚至抹杀，小说家就是要我们用一种精练、强调的方式，回到真实的客观中去。

《包法利夫人》

爱情对她来说，应该突然而来，光彩夺目，好像从天而降的暴风骤雨，横扫人生，震撼人心，像狂风扫落叶一般，把人的意志连根拔起，把心灵投入万丈深渊。

导读：
爱和欲的煎熬

米兰·昆德拉有一句流传很广的话，大意是，直到福楼拜出现，小说才终于赶上了诗歌。

《包法利夫人》是法国作家福楼拜创作的长篇小说。纳博科夫的《文学讲稿》里说：“世间从没有爱玛·包法利夫人这个女人，小说《包法利夫人》却将万古流芳，一本书的生命远远超过一个女人的寿命。”

《包法利夫人》这本书的故事很简单，讲述的是一个受过贵族化教育的农家女爱玛的故事。主人公爱玛嫁给平庸的乡村医生包法利后，瞧不起自己的丈夫，梦想着传奇式的爱情。可是她的两度偷情非但没有给她带来幸福，却使她自己成为高利贷者盘削的对象。最后她负债如山，走投无路，只好服毒自杀。它是有关婚外情悲剧的爱情故事。

这本书来源于当时真实的社会事件，一个卑微琐细的花边新闻，却跟当时社会的热点话题密切相关：1816 年，法国废除了大革命时代颁布的离婚法，再次恢复要到 68 年以后，婚外恋情也成为此一时期社会生态一个暗流涌动的重要侧面。

要读懂这本书，我们可以提出以下几个问题：这本书的主要人物有哪些？

书中的故事是如何展开的？为什么这部小说号称作者的必读经典？

主人公爱玛，也就是包法利夫人，她出生在19世纪法国乡下一个比较富裕的农民家庭，疼爱她的父亲异想天开地送她去修道院接受了教育。在那里，爱玛学会了绘画、弹钢琴，迷恋上了小说中巴黎式的浪漫爱情。在父亲的病榻旁，她遇到了生命中的第一个男人——包法利医生。她天真地以为爱神从此接受上帝的旨意降临于她，于是满怀激情与憧憬，挽着他的手臂走进了她梦想中的神圣之地——教堂。

但婚后的生活却令她大失所望。懦弱、木讷的丈夫，沉闷、单调的乡村生活，越来越不能满足她那颗向往奢华、追求浪漫的心。包法利先生每天早出晚归，到处行医治病，家里只剩下包法利夫人与她的女仆人。于是，她将自己的空虚积聚起来，成了一个欲望的海洋。当侯爵邀请包法利夫人去参加宴会，包法利夫人见识了上流社会的生活以后，再也无法在原来的小镇生活下去了。她渴望换一个新的环境，她渴望追求新的爱情。

福楼拜笔下的爱玛非常浪漫，他本人就具有浓重的浪漫气质，如他自己所说："包法利夫人，就是我。"福楼拜在小说一开篇就描写了爱玛的美，并非直接写她的容貌，而是借用她镶了三道花边的蓝袍、秀丽的指甲、小木头鞋来写，就像川端康城写女性的美，要借着车窗的倒影来写，非常富有情致。看下面一段：

"爱玛小姐的小木头鞋，在厨房的洗干净了的石板地上，她的高后跟把她托高了一点，她一走动，木头鞋底很快抬起，和鞋皮一起摩擦，发出了嘎吱嘎吱的声音，她总是把他送到第一级台阶，要是马没有来，她就等着，不再说话，四面都是风……"

用一种意象来写一个人物，或是渲染一个描述性的、诗意的、感伤的、有趣的生动细节，是福楼拜文体的一个突出特点，就像一面透镜，他先把景致人物缩小，再通过缩小的方法重新创造透视出一个更细致更开阔的世界来。

在书中，包法利夫人结婚以后，与包法利一起生活在一个叫永镇的小镇上。有一次，在永镇回家的路上，主人公爱玛拾到一个丝绸面的雪茄匣，这匣子引起了主人公对巴黎的浪漫幻想，这很像普鲁斯特的《追忆似水年华》中，一杯茶引起了他对小城贡布雷以及城中花园的一系列回忆，在一块糕点里看遍自己的一生。时间的维度先被作者打破，过往与现在交织在一起，然后又聚集在一起，在一瞬间消失，余音袅袅。福楼拜善用未完成式来表达时间——流动的时间，使文本表现出时间的连续与统一。

在这个小镇上，爱玛遇到了她的第一个情人——小镇事务所的书记员莱昂，他们互相吸引，沉浸在爱情之中。看包法利夫人与莱昂初次会面的谈话：

包法利夫人："我认为世上就数落日最好看了，尤其是海边。"

莱昂："我就爱海！"

包法利夫人："汪洋一片，无边无涯，你不觉得精神更能自由翱翔？"

莱昂："在脚下千尺之外，云雾微开溪谷在望，也令人神往。"

阅读到这里，我们也可以感受到包法利夫人是一个充满浪漫幻想的人。她对于爱情的追求非常炽热。但最后莱昂因为要去巴黎上大学深造，所以离开了这个小镇。这一段感情由此告一段落。

除了书记员莱昂，包法利夫人还有一个情人是罗多尔夫。罗多尔夫是一位年轻的农场主，一次在农业展览会上见到了包法利夫人，一见倾心，对包法利夫人展开了热烈的追求。作为情场高手的罗多尔夫，对付想出轨又不敢出轨的包法利夫人，那是绰绰有余的。于是，包法利夫人开始与罗多尔夫频频约会，陷入热恋之中。

福楼拜曾在给路易丝·高莱夫人的信里谈到著名的第二卷第九章——"罗多尔夫引诱爱玛"的写作构思时说道："今天，我既是男人又是女人，既是情妇又是情夫，在想象中，我骑着马，在秋日午后穿过一片树林，头顶上是金黄的树叶。我是马，是树叶，是风，是两人交谈的话语，是绯红的太阳……

我是我的那两个恋人。”

这两个情人带给包法利夫人最浪漫的对爱情的幻想，也直接或间接地导致了她的毁灭。我们可以看到，爱玛所爱的两个情人形象，一半真实，一半虚构，她所迷恋的不只是这两个人，而是她幻境里的情人，她用想象为自己搭建了一个浮置的花园，在虚构的时空里沿着自己的轨迹爱和思考。

从第三卷第四章开始，爱玛的生活就开始慢慢出现裂痕，开始破碎。当包法利夫人想要和罗多尔夫结婚的时候，对于只是玩玩而已的罗多尔夫来讲，唯有逃离才是上策。于是，在他们约定远走高飞的那天，包法利夫人没有等到她的爱人，而只看到她心中的爱人匆匆驾着马车逃离小镇的背影。这个打击对于包法利夫人来说是致命的，她理想中的爱人就这样抛弃了她。面对这样沉重的打击，包法利夫人精神崩溃，陷入重病之中。这记重创意味着她飞蛾扑火般的爱情的消亡，也意味着她开启崭新人生理想的破灭。

面对妻子的病情，包法利先生邀请各路名医，加上精心照顾，慢慢地，包法利夫人终于恢复了健康。为了让她精神上更加舒适、开心，包法利夫人碰到了久违的书记员莱昂。这时候的莱昂已经是情场高手，他不愿再错过机会。而我们的包法利夫人没有记住罗多尔夫给她的教训，伤疤还没好就已经忘记了曾经的痛苦。他们旧情复燃。

包法利夫人假借学钢琴的借口，每周四定期与莱昂幽会，在城里过着堂而皇之的夫妻生活。为了留住莱昂的心，她出手阔绰，花钱如流水，给莱昂买了不少好东西，也给自己买了不少好东西。她的爱慕虚荣被商人勒乐充分利用，不仅卖给她不少商品，而且给她设计好了一个个的圈套，等着她往里钻。终于，她钻进了商人勒乐给她设计好的圈套，负债累累。她像极了一只飞蛾，纵然伤痕累累，仍然痴心不改，抖动着翅膀，扑向了熊熊燃烧着的烈火。悲剧无可避免地上演了。

包法利夫人收到了法院的传票，法院要冻结包法利一家的全部资产，用于偿还欠下的债务。包法利夫人去找友善的商人朋友勒乐，希望他只是开开玩笑而已，可以他撤销上诉。曾经的商人朋友勒乐这次并没有给她好脸色，而是拒绝了她的请求。于是，包法利夫人转而求助书记员朋友莱昂，莱昂答应第二天早上会从别人那里借来钱，却迟迟不见人影。绝望的包法利夫人只得去求助罗多尔夫，甚至其他任何能愿意借钱给她的人，可惜，没有人愿意借钱给她。终于，包法利夫人绝望了，她从药店那里买了好些砒霜，服毒自尽了。

读到这里，我们知道福楼拜笔下的爱玛任性、虚荣、喜欢不切实际的幻想，但又非常天真、纯洁浪漫。比如小说中，当公证人将与她发生关系作为她找出生路的条件时，她因吃惊而怪叫，似乎不相信世上竟有如此无耻之事发生。作者在这里郑重提醒我们，应重新认识爱玛与罗多尔夫、莱昂的关系，作者正是通过爱玛的“堕落”写出了她的“纯洁”，就好比包法利，他的迟钝、平庸、懦弱的背后，是宽厚、淳朴与善良。

法国诗人波德莱尔曾评论：“包法利夫人沉湎于想入非非的浪漫爱情的遐想中，她像男性一样痴心地、慷慨地委身于那些卑劣的家伙，也如同一些诗人醉心于女人一样。其实这个女人在她的同类中，在她狭窄的世界里和局限的视野中是很崇高的。”

小说必须重新解释世界，重新发现世界的形象和秘密。他笔下的世界应该具有无穷的可能性，它所创造的精神景观应该给人们提供无限的空间。在这个空间里，提供新的生活认知，舒展精神的触觉，追问人性深处的答案。

阅读这本书，我们可以思考，《包法利夫人》中的爱玛与《战争与和平》中的安娜都具有摆脱或改变自身处境的强烈愿望，与社会现实产生了剧烈冲突，她们最终死于自杀。这两个人物的性格中都有一点浪漫主义色彩，这种浪漫与社会生活的严酷构成了反讽。

正如作者本人所说，“讽刺并不妨碍同情，正相反，讽刺加强了故事哀戚的一面”。

作家苏童也曾说：“《包法利夫人》是一部包含人性弱点的百科全书，它几乎不带评判色彩地描述了一个女人在追求爱情和物质享乐时的可爱与可气、激情与痴狂以及任性与堕落。”

现代之后，个人主义兴起，人的价值不再依附于土地、家庭和身份，一个人可以挣脱掉曾经牢牢将个人固定住的东西，而去追求一个崭新的自己。

《包利法夫人》呈现的是一个依然困扰着现代人的问题：何为有意义的生活，怎么追寻有意义的生活？这完全不同于传统的小说观念，它所深入的是现代人的内心世界，写的是内心那些隐秘而细微的经验，渴望、不安、恐惧、绝望的生命情感，它根植于内在的人。

我们现在每个人所接受的教育，所做的事情，都是在继续这一点。虽然我们也面临着包法利夫人同样的诱惑，但是已经有了更多的经验和自由。每个人都有一个内在的自我，以及内心的生活，无论年轻还是年老，都是如此。如何发现、重塑一个内在的自我，不但是现代文学的主题，也将会是现代人不可回避的人生话题。

世间从没有爱玛·包法利夫人这个女人，小说《包法利夫人》却将万古流芳，一本书的生命已经超过一个女人的寿命。

苏童：
一部包含人性弱点的百科全书

《包法利夫人》是一部伟大的作品。作者福楼拜在他生活的 19 世纪，得到的威望和对他的评价远不如现在。那时候在法国，人们更推崇夏多布里昂、雨果。而《包法利夫人》经过时间的沉淀，成为现在公认的最伟大的作品之一。

在很多欧美文学书单中，比如“人类历史上百本必读书籍”，《包法利夫人》总是榜上有名，而且名列前茅。它之所以会得到这么高的推崇，是因为它实在是一部百科全书。虽然它是一部写女人的小说，但它把“人”所包含的各种问题都写透了、写薄了。而且福楼拜是用“多一个字也不行，少一个字也不行”的标准，用很精练的语言讲出了一个如此生动的故事。

《包法利夫人》有一个精心构思的故事脉络。

故事是关于女主人公爱玛的欲望与堕落。这部小说很怪，一开始读你会以为小说是写包法利先生的，因为小说前面用了很多章节讲包法利先生的故事，而且故事非常精彩，让人印象深刻。我猜测，有可能福楼拜当时就是写包法利先生和他的第一任妻子杜布克夫人的故事。杜布克夫人是一个有钱的寡妇——也可能没什么钱，为了得到包法利先生和公婆的关爱，很可怜地夸大了自己的财产。只沿着这条线索写，也能写出好故事。

但是，主人公爱玛出现了。就是这样一个女人，使小说发生了特别奇怪的变化，前面浓墨重彩描写的包法利先生一下子退居幕后，成为整个叙事的一个玩偶。这个变化只要读者读得仔细就会发现。一代一代的小说家都在学习和思考，这部小说为什么到这里出现了这么奇特的转向？世界上几乎不会有第二个小说家进行这样的构思了。

爱玛这个人物的出现，让我们感受到福楼拜大概也会脑中一亮：这个爱玛才是我真正要讲的故事。

爱玛一出场就是带有悬念的，爱玛的父亲是一个鳏夫，膝下只有她这一个女儿，两人相依为命。她本是特别娴静的人，过的生活却很压抑。福楼拜先生短短的几笔就把爱玛身上的矛盾性格点出来了。他说爱玛喜欢教堂是喜欢教堂外面的花卉，喜欢音乐是喜欢那些你情我爱的歌词，喜欢文学其实是喜欢文学的浪漫和刺激，这寥寥数笔不仅交代的是虚荣心，也把这个女人矛盾的、不安分的心勾勒了出来。爱玛少女时代进过修道院，在修道院别人侍奉上帝，她却看了很多浪漫奇妙的小说。她就是在这样一个叛逆的暗流中长大的，这种天性使她想做贤妻良母又做不到，最后成了著名的包法利夫人。

小说后面还有一段描写让人印象深刻，爱玛住在永镇这样偏僻的地区，却订阅了大量的巴黎上流社会的报纸杂志，她知道巴黎哪个剧院在上演新的歌剧，巴黎高级裁缝师家的门牌号码。这也算是填补生活空白的方式吧。

这样一个心在高处的女人却一生生活在乡村小镇，这种生活也许本身就隐藏着种种危险。这种危险的悲剧，也许从她出生以后便开始了。而包法利先生的悲剧是从他向爱玛求婚时开始的，包法利先生向爱玛的父亲吐露他的心思。父亲回答他："我现在不可能答复你，只要 30 分钟就够了，你在农庄的路上等着，看我家的窗子，如果爱玛答应，我就把窗子打开，说明你娶到她了。"灯蛾都是盲目而热情地向火扑去，如果说爱玛是火，包法利先生就是灯蛾。他求婚的时候在爱玛家外面的路上，魂不守舍地等了30分钟，回头一看，窗子打开了，爱玛答应了他的求婚，火召唤着灯蛾，包法利先生和包法利夫人的命运，都在一瞬间决定了。

最初这段平静的新婚生活，爱玛得到的只是一种安宁的感受，而包法利先生，这位所谓的痴情男子，他的感受是不一样的。福楼拜写了句非常精彩的话："对夏尔来说，世界再大也大不过爱玛的一条丝绸衬裙。"一个女人在她丈夫心中具有如此重要的地位，这样的男女关系是不对称的，也是危机发生的土壤。

小说中还有一个特别重要的细节，就是"燕子号马车"。爱玛每次都要坐着马车离开那个沉闷的、让人窒息的家庭，去满足她的欲望，或者说是去找她的自由，一次次来往于永镇和鲁昂，来往于宁静沉闷的小镇和大城市之间。爱玛的堕落轨迹也像这辆马车，不急不慢，来往于家庭和情人之间，来往于不同人的情爱之间。

那些情爱的场景，穿插于后面的故事之中。她先是跟大学生莱昂恋爱，后来则是跟一个花花公子罗多尔夫。需要说明的是，即使在19世纪，福楼拜的小说观念已经非常进步，但在写到爱玛与莱昂感情的邂逅时还是非常有节制的，只是写两人讨论文学、音乐。有趣的是，两人对于文学和音乐都没有很深入的了解，在一起偏偏就喜欢谈论这些，这是因为共同的文化虚荣心，也就是所谓的两个人的共同语言。

莱昂是一个律师事务所的实习生，所谓见识广博、举止文明的年轻男子，爱玛和他走到一起有必然因素。爱玛第一次主动点燃了对方情感的烈火，但还是保留了点儿理性。当爱玛挽着莱昂的手臂在街上走，只是被镇上的长舌妇说三道四，并没有发生性关系。直到他们之间感情升温，就在一层窗户纸快被捅破的时候，福楼拜却来了个急刹车，莱昂在母亲的逼迫下，离开了永镇，去别的城市工作。这就是福楼拜的智慧和高明之处，欲擒故纵。很明显，作者把莱昂设置成爱玛第一个真正意义上的情人的形象，爱玛的情感需要飞翔，要借助一个翅膀，就是一个她深爱的男性；而莱昂离去了，她的感情就像断了线的风筝，断线的风筝总是要落在地上的，飞过了，再掉下来，引起的是更深的飞的欲望，这欲望导致爱玛后来变本加厉的感情游戏。

就在这时，罗多尔夫出现了，他是一个如假包换的花花公子，爱玛明明知道他的本质，但还是像飞蛾扑火一样扑向危险的情感游戏。所以说欺骗并不存在，存在的是悲剧性的欲望和悲剧性的命运。爱玛和罗多尔夫的第一次调情是一个非常经典的情节，后来，许多文学讲义都提到过这一段描写。

在永镇当地举办的农业博览会上，台上是官员乏味的官僚主义的发言，台下是男男女女的私情。台下的罗多尔夫东一句西一句地试探爱玛的情感，福楼拜先生特意设置了语言的间隔，读起来非常奇妙，堪称经典。一男一女的调情夹杂着一个官员慷慨激昂的发言，多么讽刺，多么有趣。

当然福楼拜一直在写爱玛内心的挣扎，写她在欲望与残存的道德感之间的挣扎和选择。一次次的挣扎把她推向一步步的堕落。燕子号马车如同一个邪恶的象征，她一坐上去，她的心就从家庭转移到外面的情人身上。结果是她一次次地投入爱情，一次次地背叛家庭和包法利先生，但同时自己一次次地被情人们背叛。

爱玛的悲剧结局是可以料到的，为了爱情她欠下高利贷，最后不得不吞砒霜自尽。一个女人为欲望所累，在欲望的道路上挣扎，结果离死亡越来越近。

这本书讲的是女性的故事，但这个欲望的故事也可以影射男性，它写的是人性的种种矛盾，爱玛浪漫、虚荣、自私、叛逆、不甘平庸，这一切似乎是人性正常的内容，不应该那么致命和邪恶，可是福楼拜描写的是在适当的社会条件下，寻常的人性之树开出了不寻常的恶之花！

到了小说的最后，有很多人手里都是拿着把匕首横在爱玛的头上的，爱玛付出生命既是一种逃脱，也是一种忏悔。这样一部作品可以说是人性的百科全书。

就是这么一个并不复杂的故事，福楼拜在创作它的过程中，基本上达到了一种堪称完美的叙事。这部小说是没法改的。很多伟大的小说，比如陀思妥耶夫斯基的小说，你是可以给他改掉一些，这样读起来会更舒服一点儿；但《包法利夫人》精练到你想在哪里砍掉一句都是不对的，它经得住细细品读。

一方面我说它是一部完美的作品；但另一方面，依我之见，伟大如这部小说仍然带有一点点缺憾，那就是作者本身逃避的东西。福楼拜没有子女，大概他也从来不观察孩子，但爱玛是个母亲，她跟孩子的关系在故事中是非常重要的。福楼拜回避掉了对于孩子的描述，他不会写孩子，但他不得不提。于是爱玛死后出现了这样一幕：包法利先生带着孩子去爱玛的墓地悼念她。可以说是很平面化的描写，直到最后都没有深入刻画过亲子关系。

人物关系中描写得最为精彩的是爱玛跟情人相处的部分，而在描写她跟包法利先生的相处中，包法利先生变成了一个阴影，一个影子一样的人物。也许是因为包法利先生善良到愚蠢，内心明白是怎么回事但是纵容了包法利夫人；也许是因为他真的一次次相信她拙劣的谎言，夫妻之间相处的描写是相对而言不够精彩的。

这部小说还有个很有意思的地方，你首先会读出他与同时代的巴尔扎克、雨果的作品的不同。福楼拜不太关注社会现实。雨果就是直接写当时的现实，也就是当时的法国大革命，它是那个时期每个人都要面对、谈论、描述的。巴尔扎克的作品也讲述大革命。但是福楼拜在写一个女人，在写一个被欲望摧毁的女人，这在当时法国主流作家中显得很奇特。他为什么不写社会？我猜测他是反对法国大革命的，但不愿写明。

小说最后的细节暗示了他其实关注现实。小说最后突然出现一个很奇怪的、跟小说没什么关系的内容，是关于伏尔泰的。伏尔泰那套鼓吹启蒙、鼓吹自由、鼓吹法国革命新价值观的东西，都被福楼拜在最后几页当中骂了一顿。他转述了当时报纸上关于伏尔泰被关起来，以及在监狱里吃粪的小道消息。现实里伏尔泰是多么受人尊敬的启蒙思想家，但福楼拜用这个笔法写了对他的态度。可以看出他骨子里反对法国大革命，这是他与其他的作家都不一样的地方。这是我从这个完美文本之中发现的一些怪异之处、蹊跷之处。当然这个只是我的分析和猜测，读者不一定要赞同我的理解。

《包法利夫人》之所以被这么多专业的读者所推崇，恐怕是因为它不仅留下了一个完美的文本，还留下了一堆问题值得人们持续探讨。比如我上文提到的，为什么开头是写包法利先生而不是包法利夫人；为什么在大革命的历史背景下，在人们都与时代联结得那么紧密的情况下，转而去写一个女人的家庭生活、她的爱情史，写一个女人被欲望所毁的故事，而且使这么一个并不新奇的故事成为一部伟大之书；为什么文本又不是那么均衡，逃避对孩子的描写，漠视包法利先生这个人物形象等。

《包法利夫人》留下了种种疑点，但这些文本的奇特之处都不影响它的伟大。也许正是因为这样，《包法利夫人》才成为值得我们长久探讨的、复杂而深刻的作品。

《我弥留之际》

我记得年轻时我相信死亡是一种肉体现象，可现在我知道它只不过是一种精神作用——是丧失亲人者的精神作用。虚无主义者说死亡是终结，宗教激进主义者则说那是开始；而事实上，死亡不过是一个从公寓或是城镇搬出去的房客或者家人而已。

导读：每个人都是一座孤岛

《我弥留之际》是美国作家福克纳于 1930 年发表的长篇小说。这部作品讲述美国南方农民本德伦为遵守对妻子的承诺，率领全家将妻子的遗体运回家乡安葬的“苦难历程”。

整个故事完全由本德伦一家、众邻居及相关人员的 59 节内心独白构成，并从多个角度讲述，是作者运用多视角叙述方法及意识流法的又一杰作。小说以一个女人——艾迪·本德伦为轴心，在她临死之际，要求丈夫和五个孩子答应在她死后把她的尸体送回 40 英里外的娘家埋葬，而这场浩荡的出殡，其实是妻子一次不为人知的报复。

在出殡的路上，一家人各怀私心，先后遇上了洪水和火灾，历尽艰难险阻，最终埋葬了艾迪。五个孩子先后断腿，被火烧伤，被精神病院抓起来，被玷污，值钱的物品被毁坏得面目全非，而这时父亲却带回了一个后妈。

故事的开头由本德伦家的老二——达尔的内心独白开始。

“朱厄尔和我从地里出来，在小路上走成单行。虽然我在他前面五英尺，但是不管谁从棉花房看我们，都可以看到朱厄尔那顶破旧的草帽比我那顶破旧的草帽足足高出一个脑袋。”

朱厄尔是本德伦家中的老三，是第三个男孩，下面还有一个妹妹和一个弟弟，按照正常人家里的排行关系，老三在性别和排行上并不占优势，但是那顶高出老二一个脑袋的帽子却是作者故意在此埋下的伏笔：朱厄尔在家里是最受宠的。而这个家的中心，也是整部小说的轴心，其实是母亲艾迪。

达尔是这部小说所有的独白里唯一客观的视角，用摄像机般的眼睛记录着周围发生的一切的人，包括他自己，所以达尔的视角，其实就是福克纳作者自己的视角。

达尔还在山下时就听到了大哥卡什在锯木头的声音，卡什是在为病重的母亲做棺材，他做得极为认真和精细，在达尔眼中卡什是一个出色的木匠，做出来的寿材也必定能给母亲带来自信和安逸。

在很多读者和评论家眼里，达尔是一个先知般的人物，他身上具有浓厚的文艺气息和浪漫情怀。在独白中，他这样说道："一切都是黑黝黝的，隔板黑黝黝的，静止的水面是一个空空的圆洞，在我没有用勺子把它搅醒时，没准还能看见桶里有一两颗星星，而水没下肚的时候，没准勺子里也会有一两颗星星。"这样敏感细腻的青年，在当时大萧条的社会背景下必定是不被社会接受的存在，达尔的结局好似在一开始就已经预示了。

朱厄尔则生性冷酷，与家人格格不入，对身边人的所作所为充满了不屑和怨恨，卡什在窗前昼夜不停地为母亲做寿材，在朱厄尔眼里不过是为了满足周围人赞赏他是一个高明木匠的私心。朱厄尔反感卡什锯木头的声音，嫌弃为母亲扇扇子的妹妹，他内心甚至阴郁可怕。

父亲的名字叫安斯·本德伦，他是一个南方典型的穷苦农民形象，被苦难的生活和环境所压抑，他的内心极度卑鄙和自私。他谎称自己出汗就会发病死去，一直逃避劳作，当妻子艾迪病入膏肓之际，他却心疼诊费而迟迟不请医生。现在他还在为是否要赚三块钱但可能错过送妻子最后一程的机会而纠结犹豫。这件事在邻居们眼里是一种不道义的行为，安斯却试图用自己内心伪装的纠结和一次次强调他对妻子的承诺和理解当作借口来瓦解这种指责，以求心安理得。

作为艾迪的好朋友，邻居科拉太太是离艾迪最近的人，她知道艾迪的孤独和脆弱，懂得艾迪的不幸。这些年，艾迪把骄傲与哀伤都隐藏起来，虽有丈夫和五个孩子，但是没有一个人能缓解她的孤独，以至于死后她让丈夫答应送她的遗体回娘家去，为的是远离这些人，得到彻底的安息。

杜威·德尔是本德伦家的四女儿，自私胆怯，和邻居莱夫偷尝了禁果，不久她发现自己怀孕了。但她没有像母亲那样选择隐忍，还一直在想办法把这个孩子给拿掉，而这次母亲的死就是一个好机会，她可以到城里去找医生买药。作为本德伦家唯一的女孩，她无疑是爱母亲的，她继承了母亲的孤独和冷漠，甚至还带有一点儿疯狂。

父亲安斯没有任何生活情趣，也从来不和子女交流。在他看来，再美好的人伦或生活的乐趣在苦难与贫穷面前都一文不值，他甚至认为艾迪的病是让他破财的晦气。

这样自私的安斯却答应要送妻子的遗体回 40 英里之外的娘家，他的心里在盘算着什么呢？其实他 12 年以来一直在等待着一有机会就去给自己配一副假牙，所以宁愿让儿子离开病重的母亲也要去送货赚那三块钱，就是为了借着这次出殡去城里，为补牙做准备。

妻子是带着私心步入死亡的，丈夫和孩子答应送她出殡也是怀着各自的私心，这场出殡越来越像是一场闹剧。

艾迪的情况和医生预想得一样糟糕，她坐在床上看着医生，那双眼睛操劳一生，和做苦工的牛马眼里放射出来的光一样灰暗。等医生走出屋子，杜威·德尔出来说母亲想见朱厄尔，她最心爱的老三，但是此时朱厄尔被父亲派出去拉货了，为了那三块钱……安斯羞愧地和妻子解释，勉强找着各种为自己开脱的理由。艾迪生前早已对他失望透顶，在弥留之际反而淡然了，她平静地回躺下去，眼里的生命力忽地涌现，又黯然熄灭。

杜威·德尔抱着母亲的身体恸哭起来，弟弟瓦达曼也吓得面容失色，卡什没有走近那张床，门口站了一会儿之后就又开始不紧不慢地锯木头，仿佛那是他唯一缅怀和报答母亲的方式。父亲安斯却慎重地说道：“上帝的旨意要实现了，现在我可以去装我的牙齿了。”

瓦达曼是本德伦家最小的儿子，智力低下，懵懂无知，因此他的独白总是带有儿童特有的凌乱无序和异想天开，他甚至以为是皮保迪医生杀了他的母亲。在他的眼里，母亲死后就变成了厨房里的那条待煮的鱼，瓦达曼沉浸在自己想象的悲痛中，孤独无依。

福克纳笔下的本德伦一家人，每个人似乎都是一座孤岛，彼此之间不沟通，不理解，各自寻找着自己的出路，这也是造成悲剧的根本原因。

雨下了一整夜，通往城里的那座桥被河水冲走了。周围的乡邻来到本德伦家吊丧，都在讨论艾迪要怎么被送去杰弗森安葬的话题。杰弗森距此地有40多英里，如果算上来回，至少要七八天的时间，何况现在桥被冲走了，更加寸步难行。

本德伦一家终于上路了。本德伦家族平生第一次一起离开故土。这场出殡似乎是带有象征意义的，打破了他们日复一日艰难乏味的生活模式，和彼此间麻木僵持的感情状态，所有的秘密也像被针扎开了一个小洞，有了呼之欲出的冲动。

天快黑时，本德伦一家在萨姆森家的谷仓借宿过夜，想等天亮河水退下去一些后再继续上路。最焦急难耐的是杜威·德尔，她对于过路的每一个善意提醒他们桥被河水冲断、不该再冒险前行的村民都抱有敌意。她逐渐扩张的骨盆和子宫等不了了。达尔发现了这个秘密，是的，他什么都知道，杜威·德尔甚至想杀了他。

达尔是一个与环境格格不入的“畸零人”，常在一个“上帝”视角观察着周围的一切。母亲从小一直教导他们“欺诈是世界上万恶之首，和它一比，穷困都算不得什么”。可是自从有了朱厄尔之后，达尔发现母亲就变了，开始会做一些背着人的事情了，有时候他进卧室去睡觉可以看到母亲坐在黑暗中守着朱厄尔，母亲对于弟弟的偏爱对于其他人有了欺诈的意味。

直到有一天，朱厄尔骑回来一匹马。父亲质问这匹马的由来，这时卡什站出来做证，买马的钱是朱厄尔每天晚上跑出去给邻居奎克干活赚来的。父亲气到发颤，而母亲却心疼到哭泣。

母亲是一个痛恨哭泣如同痛恨欺诈的人，而那晚却坐在朱厄尔床边哭得很伤心。究竟是怎样的感情，才能让平日对于生活没有热情的母亲，对朱厄尔如此不同，甚至不自觉地做自己痛恨的事情呢？那一天达尔终于清楚了，就像他知道了杜威·德尔的事情一样清楚，朱厄尔和他们不一样，他是母亲和外人偷情的孩子。

第二天，两岸的河水涨得几乎跟坡道一般高了。他们冒险利用浮木过河，但水流太急，车子、马乱成了一团，卡什之前受伤的腿又一次摔断了。河本身还不到一百码宽，但横在本德伦一家人面前的仿佛不是空间而是时间，是一种一去不复返的东西，带有些灾难的意味。

书名“我弥留之际”中的“我”就是女主人公艾迪，但是全文大部分描写的都是“我”死后的故事，而“我”内心的独白只在小说的后半部分出现。

艾迪从小受到过良好的教育，看待世界的角度和常人不一样，但长久以来她的内心充满着矛盾和孤独。父亲过去常对她说：人活在世上的理由仅仅是为长久的安眠做准备。艾迪总想证明自己的存在和价值，她期待着学生犯错误，然后用鞭子抽他们，好让那些疼痛流进学生的血液里，让她成为学生中的一部分，这样他们才会更深刻地记住她。漫无目的地走在为长眠做准备的路上，她遇见了安斯，本以为与安斯结婚就可以摆脱孤独乏味的人生，填补她生活的空白，她也一直尽力扮演着一个好妻子的角色，直到她怀上了卡什，她才发现一切都没有改变。安斯给不了她爱，却利用爱的名义绑架她，把她当作一个生育的工具。同样，她也要用爱的名义来报复安斯，让他答应死后送她回娘家去安葬，永远地远离他。

艾迪需要被救赎，需要被爱，需要摆脱这种不生不死的生活，于是她找到了上帝的工具——穿着法衣的惠特菲尔德牧师。她不顾一切地奔向她的情人，渴望追逐自己的爱情，如果这是一种罪恶的话，赎罪好歹也是一种更有意义的存在感。

但令她没有想到的是，自己选的这个情人居然是个懦夫，不久她发现自己怀上了朱厄尔，他却逃跑了，艾迪的心已经彻底死了。作为补偿，她为安斯生了杜威·德尔和瓦达曼。从那一天起，艾迪就开始等待着长眠，为死亡做起了准备。

本德伦一家向阿姆斯蒂家借了两头骡子，把大车拉到了他家的庭院里。一路上安斯把自己没有照顾好孩子们的失误，归咎于他只不过是想尽快实现艾迪的愿望，甚至连吃饭都是为了艾迪才吃，用虚伪的忠心和执着给自己的错误撑腰，博得外人的同情。

他说："我也算是尽了力了，苍天在上，在这个世界上，比我苦头吃得更多、受的气更大的人是再不会有了。"

从艾迪被放进棺材的那天起，就一直有秃鹰跟随盘桓在周围，那股味道是怎么都隐藏不了的，随着味道一天比一天加重，寻迹而来的秃鹰越来越多。

和气味一样随着时间推移越发不能隐瞒的还有杜威·德尔的肚子。在莫特森镇，杜威·德尔走进一家药铺，对着药剂师支支吾吾。药剂师几番询问终于明白了杜威·德尔要买的是堕胎药，他毫不犹豫地拒绝了杜威·德尔，劝她拿着那十块钱回家，去跟那个男的举办婚礼。

他说："我，一个有声望的药剂师，开着一家药铺，养活着一家子人，56 年来一直是这个镇上的忠实的基督徒，我绝不会卖堕胎药给你这个小姑娘。”就这样药剂师把杜威·德尔赶走了。

迈克尔·米尔盖特在他的《威廉·福克纳的成就》这本书里说：“福克纳的主要目的，更像是迫使读者以比书中的人物与行动第一眼看去所需要或值得的更高一层、更具有普遍意义的角度来读这部小说，来理解本德伦一家及其历险记。”

那个晚上，达尔置放在谷仓里的棺材周围放了一把火，火焰的声音听起来像一列无限长的火车在经过一座无限长的高架桥。这一切的闹剧就这样结束了吗？一把火能点燃谷仓，却终止不了这家人的悲剧。朱厄尔冲进了火场，着火的是谷仓，同时也是他放弃了自己视作生命的马换来的，他不顾烧伤的背抱着艾迪的棺材跑出了火场。

艾迪这样说过：“他是我的十字架，将会拯救我。他会从洪水中，也会从大火中拯救我。即使我已经献出自己的生命，他也会救我。”正如艾迪生前的预言，朱厄尔把她从洪水和大火中救了出来。

“祸事一旦开了头就好像再也没完了。”这好像是安斯说过的最正确的一句话。翻过这座山就到杰弗森镇了，眼看使命就要完成，每个人却都有种不自然的、不真实的古怪。

在众人厌恶和好奇的目光中，他们终于来到了镇上，现在只差挖个坑把艾迪埋了，可是他们却忘记带铁锹。安斯是不会花钱买的，他打算去借一把。他们一直向前走着，来到了一座传出音乐的房子前，那是一种留声机的声音。声音很自然，就像乐队在演奏。

安斯径直去敲这家的门，再出来时，手上拿着两把铁锹。他把铁锹放进大车，自己爬上去准备驱车前行时，回头去看那座房子，此时，房子的窗帘也默契地撩开了一点点，露出了一张女人的脸。

而十分钟之前，达尔就和卡什说：“他能借到的。”仿佛他早已经看透墙壁预知了这一切。他什么都知道，他总能洞察所有的不幸，所以大家疏远他，憎恨他。

把艾迪埋好走出大门，有人对着达尔冲了过来想抓住他，往后闪躲时，达尔才发现，扑向他的竟然是杜威・德尔，她像只野猫似的又是抓又是撕，而这时安斯和朱厄尔过来把达尔推倒在地，压住了他。

他们要把达尔送去精神病院，因为谷仓纵火的事情被发现，如果达尔不被送走，安斯就面临被起诉；告密的正是杜威・德尔，因为达尔是唯一知道她怀孕了的人，她将多日来承受的所有压抑和痛苦全部转化为对达尔的恨；至于朱厄尔，他身世的不堪和自卑都在这个人的眼里，每当达尔对着他问“你是谁的儿子”时，他就想刺死他千万次了；当他们都说达尔疯了的时候，卡什却选择了懦弱与退缩。可怜的达尔就这样被送走了，那“先知”的天赋也被杀死在黑暗里。

艾迪到了此时已经彻底安息了，她报复的目的达到了。那么，仿佛是另一个艾迪的杜威・德尔呢，她又该何去何从？

杜威・德尔这次穿着体面的衣服，口袋里揣着十块钱再一次来到一家药铺。这一次她不再惭愧害羞，已经没有比她肚子更迫切、更重要的事情了。“是妇女麻烦的事儿，”她单刀直入地说，“我有钱。”

可这一次她遇见的并不是真正的大夫，而是药铺里一个跑腿的伙计，一个贪图美色的猥琐家伙。看到打扮漂亮的杜威・德尔，他起了非分之想，装模作样地表现自己是一个正直博学的大夫，威胁加诱导，杜威・德尔上钩了。他先是给杜威・德尔喝了一杯类似松节油的药水，然后让她晚上10点再来诊所，为她做其他的治疗。

人若到了绝望的尽头，也就不管不顾了，为了这一搏，杜威・德尔觉得让她付出什么都愿意，包括贞洁。那些药是不会有作用的，杜威・德尔其实心里是知道的，晚上从诊所里出来，走得越远，她心里反而越笃定。

女性在福克纳笔下一向占着相当重的分量，无论是艾迪还是杜威・德尔，她们都代表着当时美国南方底层妇女的无奈，她们的命运充满悲剧色彩，无论怎样与生活进行抗争，依然摆脱不了悲剧的命运，这是那个时代的缩影。

他们又回到那座放留声机的房子门口，等待安斯去还铁锹，这比去借铁锹花费了更多的时间。第二天早上，他们套马准备返程时，父亲却提着一个小箱子，一脸骄傲又心虚地从街角走了过来，他终于装上了一副假牙，身后还跟着一个穿得漂漂亮亮、鸭子模样的女人，那个提箱里就是那台轻便的小留声机。

他对孩子们说："来见过本德伦太太吧。"

故事到这里就全部结束了，这样的结局，带着点悲凉又带着可笑。

正如评论家所说的，《我弥留之际》这个故事可以意会却难言传，可以感受却不容易分析，任何人都可以从任何一个角度来分析这个故事和故事中的人物，然后得到任何可能的理解。

如果感兴趣的话，你可以去反复细读其中的段落，一定能够得到很多不一样的领悟。

苏童：
死亡到来前，我们要如何更好地活着

美国作家威廉·福克纳有两部长篇小说在他的作品宝库当中最为重要。一部是大家熟知的《喧哗与骚动》，另一部就是《我弥留之际》。

《喧哗与骚动》被认为是现代小说的重要作品，尤其作为意识流小说的范例，常常被引入文学史来研究。这部小说，读者在读第一遍的时候可能会兴味索然，但读第二遍会发现特别有意思，到了第三遍，就能认识到这是一部关于人、关于时间、关于人与时间的对抗、关于人与人的关系的包罗万象的作品。

而且这部作品的奇异之处在于，它是通过一个傻子——班吉的视角去看待世界，还用了一个非常重要的物件——“一只钟表”作为线索，这只钟表从某种意义上关照了整部小说，交代了书中关于时间、生命、死亡、疾病和爱的主题。另外，它对于写作手法的创新有着更大意义，是一个很好的写作范例。

另一部重要作品《我弥留之际》，也是一部非常有意思的小说。这部小说的第一个特点是它开了一代文学创作之风气的结构。小说以本德伦家庭的每个家庭成员（丈夫、四个儿子、女儿、死者本人）作为一个章节轮回叙述，每一个章节不断地变换叙述视角和叙述时间，这样来完成了整部小说。

这样的结构方式，对后代乃至整个世界范围内的作家们的创作都产生了巨大的影响。

不管是中文作品，还是其他语言的作品，大家都在习惯性地使用所谓的福克纳视角，也就是多点视角——时间是打乱的，跳转的，自由的。

这部小说的第二个特点是它具有一个很少见的、非常抓人心的故事，我认为这使它比福克纳的其他作品《喧哗与骚动》《押沙龙，押沙龙！》要好看，甚至比他自认为的畅销小说《圣殿》更好看。

小说的故事是关于一个多子女家庭中母亲的死。这个母亲是小学教员出身，她生前，从某种意义上来说，并不是传统意义上的贤妻良母，她是一个一生都在追求自由，却爱而不得，被自己的家庭和众多子女困住的女性。她去世前只有一个特别强烈的几乎也是唯一的遗愿，就是要她的家人把她的棺材送到几十英里之外的娘家去安葬。

她一生都在为人妻、为人母，但在真正的死亡来临前，她突然很想念自己真正的骨肉亲人，自己的家族。所以，她的丈夫和她的孩子需要帮她完成遗愿，把她的棺材送到她母亲的娘家。

这本来是一个很简单的旅程，但是，在这么一个简单的过程中，却发生了很多意外。

发生的第一个意外，很像卡夫卡的《乡村医生》中的一个情节：乡村医生要出诊，却突然找不到他的马。在这部小说中，本德伦一家也遇到了类似的问题，他们家唯一的一辆马车被其中两个儿子拉出去赚钱了，医生没能及时赶到家中为母亲看病，所以他们的母亲去世了。当时天气很炎热，需要及时把母亲的棺材送到娘家去，却因为没有交通工具，耽搁了好几天。等到她那两个儿子把那辆马车套回来，一家人才匆匆上路。几十英里的路途也不算太远，但他们遇到了水灾。横在路途中的一条河发大水，阻挡了载着棺木的马车渡河。艰难地渡过了河，交通工具却在大水中失去了，一家人再次陷入苦恼。

上面提到过，这部小说是以本德伦家庭的每个家庭成员作为一个章节轮回叙述的，在这样的叙述当中，体现了每一个家庭成员对死者即母亲的感情。并且，每一个家庭成员对死者的感情其实都不太一样。

其中，她的大儿子卡什，在小说中是一个特别光明、正面、像圣徒一样的人物，和母亲的感情非常深厚。

而她的二儿子达尔，虽然和卡什同是她的儿子，对她的感情却完全不同。因为母亲不知道为什么天生就特别讨厌达尔，导致达尔从小得不到母亲的宠爱，使得他与母亲之间的感情并不亲密，甚至在达尔对母亲的感情中，掺杂着比较负面的、阴暗的情绪。

所以，这样的达尔，在送母亲的棺材去安葬的路上，碰到种种突发事件会格外烦躁。又源于在对母亲的回忆当中，使他想起了很多不愉快的经历，所以在运送棺材的路途中，压力大到一定程度上的时候，他做出了一个很奇特的行为：把停留母亲棺材的谷仓烧掉了。

前面遇到了水灾，后面遇到了火灾，这样的遭遇和经历完全令全家人意想不到。谁都没想到，一个死者的灵魂想要安放在她的娘家，会如此之艰难。

这部小说以一个令人意外的开始，一个种种节外生枝的送葬之路，勾勒出了一个非常严密又富有弹性的故事。这个故事中折射出了人与人、亲人与亲人之间的爱恨、亲密、冷漠与疏远。

而在一路上种种的节外生枝，也都被一股力量牵引着奔向终点，这个终点就是，他们的母亲终究是要安葬的。所以，尽管送葬之路颠沛流离，最后他们的母亲还是得以安葬。

母亲安然地落葬在她安葬的地方之后，发生了两件令人震惊的事。

其中一件事情是，达尔因为纵火，被认为是一个精神病病人抓走了。

第二件事情更令人震惊，本德伦家庭当中的男主人安斯·本德伦，在自己妻子刚刚入土安葬之后，就给他的孩子们带来了一个女人，告诉他们："来，孩子们，见过你们的新母亲。"

这是一部在福克纳小说当中特别伟大的作品，这部作品，在阅读上又是带有某种牵引性和诱惑性的文本。

毫无疑问，这部小说可以与福克纳另一本名气更大的著作《喧哗与骚动》并驾齐驱。作为福克纳最伟大的两部小说，我一直认为《我弥留之际》是更适合向读者朋友们推荐的福克纳作品。

当然提到福克纳，他的一生也是很有意思的。

在人们的印象里，晚年的福克纳是一个非常传统的、带有美国南方乡村味道的小老头儿。很多年来，我书房里放着一张我非常喜欢的照片，是我从一本莫名其妙的画报里剪下的：福克纳的背影。照片中的福克纳，穿着一身破西装，我估摸着有六七十岁的样子，因为他头发已经完全白了。

照片之所以是他的背影，是因为他正要去开一扇门。从照片上看，那是花园里的一扇小破木屋的门。这间小破木屋，其实是一间工具房。在他开这扇门准备拿工具在田地里干点儿什么活的时候，被一个记者偷拍了下来。这张照片从某种意义上展现了他的晚年。

他的晚年在他的老家——奥克斯福德，他跟那些老乡亲打打招呼，吹吹牛，特别帅。听说要去瑞典领诺贝尔奖的时候，他开始是不想去的。因为他实在害怕出远门。最后是他女儿陪着他去领的奖，因为他女儿说这么荣耀的时刻，一定要去。

从这样一个作家的晚年当中，完全想不到他的青年时代会那么"作"。他的"作"几乎可以超过所有的美国作家。比如，年轻时候，因为他出身于南方的军人家族，家里有所谓的荣辱气质，所以他从小就特别想当兵，特别想当飞行员。但是由于他种种不合格，美国的军队不要他，他就联系了英国某一支与皇家飞行有关系的空军部队，但当他去了英国，那场战争就结束了，所以他根本就没当上兵，没有体验过在空军部队做飞行员。他很遗憾地回来之后，就入戏了，对所有的人都说，他的一条腿在战争中负伤了。他拖着一条瘸腿，在那个小镇上扮演了很长时间的战争英雄。很长时间，大家都认为福克纳是一个战场归来的飞行员。对此，他很满足。

除此之外，还有一件事，作为一个写字的人，起初他也是无法靠稿费创作养活自己的，所以他必须要找工作。他找的都是一些莫名其妙的工作，并且整天不务正业，跟人打牌吹牛，或者自己写东西。他做过小邮局局长，别人要开除他，他说开除才好，他真不想伺候什么所谓花了两分钱邮票就想让他伺候的人，不干也罢。所以到后来他写出一定小名气的时候，好莱坞就把他招去了。

所以，福克纳曾经给好莱坞的资产阶级大鳄们、大制片人干了好几年脏活、累活、粗活。

他写过很多剧本，但拍出来全是烂片。我曾经看过一部西部片，因为主演是梦露我才看的，但剧本烂得不得了，最后看到字幕，发现编剧竟然是大名鼎鼎的威廉·福克纳。

就这样，福克纳经过无数的洗礼，最后发现自己还是有一颗农夫的心。索性，福克纳后来终于靠一部不太好的小说《圣殿》赚了钱，可以安心回到他的南方——奥克斯福德，偏僻而封闭的老镇，在一间破屋子里，开始他真正的写作。也正因为这样的沉淀，让人们看到了一个伟大的作家福克纳。

福克纳的小说技艺复杂而伟大。他从来不写浅显易懂的句子，而是创作混沌的、模糊的语言，这种混沌感有种奇怪的魅力，你能感觉到他的一个个文本对你的压迫，你甚至感觉得到他简直像太阳一样照耀着，让你就是想读懂它，想要挑战这种高难度的文学语言。他每一部小说的表达都是不同的，最后都企及一个非常高的精神高地。

他的伟大就在于他写作手法的成就，《喧哗与骚动》是意识流小说中最完美的。他完美地写出一个白痴的意识，对气味、声音、时间的体验等，还创造了最自然又最漂亮的长篇小说结构，这就是《我弥留之际》。他做的许多尝试都流传至今，比如以人物、以名字来做章节名。再比如小说采用宗教故事的背景，像《押沙龙，押沙龙！》就来自《圣经》故事，写关于生与死、皈依精神。

福克纳的短篇小说是相对容易读的，比如《献给爱米丽的一朵玫瑰花》，但这其实不是福克纳，要读真正的福克纳，必须忍受不懂，带点儿自虐的，接触一下《我弥留之际》这种有难度有高度的，并不让人很愉悦的作品，看看它背后是什么东西，那么强大，那么有价值，让它成为经典中的经典。

《城堡》

努力想得到什么东西，其实只要沉着镇静、实事求是，就可以轻易地、神不知鬼不觉地达到目的。而如果过于使劲，闹得太凶，太幼稚，太没有经验，就哭啊，抓啊，拉啊，像一个小孩扯桌布，结果却是一无所获，只不过是把桌上的好东西都扯到地上，永远也得不到了。

导读：
谁不停努力奋斗，谁便会得到解救

《城堡》是奥地利作家弗兰茨·卡夫卡的代表作，因为最能体现卡夫卡的创作风格和特征，这部小说也一向被认为是卡夫卡创作的压轴之作。

《城堡》创作于1922年，是卡夫卡生前写的最后一部长篇小说。作品讲述了主人公K前来城堡应聘土地测量员，却在城堡大门外的一个贫穷村子受阻，围绕着“能否进入城堡”之事，K与城堡当局展开了持久而烦琐的拉锯战。K为此奔波得筋疲力尽，却始终无法进入城堡，最终病死在城堡之外。

阅读这部小说，我们可以提出以下几个问题：这部小说为什么叫“城堡”？城堡有没有什么象征意义？这部小说想要传达什么主旨？

卡夫卡被认为是“现代派文学”的鼻祖，也是“表现主义文学”的先驱。在他的作品中充满了对历史，对人的本质、命运、处境，对人与人以及人与社会关系的思考。

在《城堡》中，卡夫卡以一贯冷峻的笔调，描绘了一个真实而又荒诞的世界，讲述了一次“明知不可为而为之”的追求与抗争。

这本书，分为三个部分。

第一部分的故事，讲述的是K在到达城堡外围的村子后所遭受到的种种境遇。抵达村子的当晚，他因为没有“居留许可”而遭到了严密盘问。村民们也都将他视为异类，甚至没有人愿意与他正常交谈。同时，城堡同意给K派来两位助手，但却拒绝了他“进入城堡”的申请。直到见到村主任，K才明白，自己来到此地就是一个错误。

在小说第二部分的故事中，K开始尝试用自己的方式来接近城堡，他接受了村主任提供的“学校勤杂工”的临时工作，还跑到贵宾楼去堵城堡官员克拉姆，但克拉姆对他避而不见。于是，他希望通过信使巴纳巴斯向城堡传递口信，要求面见克拉姆。最终，他得到的回复是，克拉姆的秘书埃尔朗格将召见他。

第三部分的故事内容，讲述的是K终于在贵宾楼见到了城堡的官员。一开始，他误入了另一位官员秘书比尔格的房间，却错过了向比尔格提出请求的机会。之后，他见到了埃尔朗格，对方却要求他离开。最终，他也没能实现自己进入城堡的目的。

卡夫卡的小说带有寓言性质。小说中的主人公K一直渴望进入城堡，但自始至终都没有接近过城堡，城堡的形象一直都是神秘的、庄严的，这样的形象在小说开头就已经奠定好了：“城堡山笼罩在雾霭和夜色中毫无踪影，也没有一丝灯光显示出巨大城堡的存在。”然而，正是这样一个虚无缥缈的存在，所具有的权威却是K和村民们都无法抗衡的。

这是K与城堡的初次相遇。从K第一眼看见城堡起，他的命运就已经注定了。他眼前的城堡巨大、威严、神秘，隐匿在浓雾和黑暗中。K深深被它吸引，久久地凝视着。可他凝视的究竟是什么呢？似乎是空荡荡的一片。

作为一个异乡人，K进入村子的当晚便遭到了严厉的盘问。他自称是城堡聘请来的土地测量员，却拿不出任何证明。尽管后来他的身份在电话里得到了证实，但他仍然没有被村民所接受。当他第二天进入村子时，无论是学校老师还是村民，都是对他拒之千里的。

《城堡》的故事其实就是这么简单。然而这部小说之所以能让无数人沉迷，更主要的是因为卡夫卡笔下的那些细节描写，这些细节包括对话、行动、环境、心理，这些细节符合现实逻辑和情绪逻辑。

比如，K曾努力想要融入这个村子的生活，最开始想见克拉姆是为了谈谈他土地测量员的工作，之后则是想谈谈他和弗丽达的婚姻。他试图通过职业和婚姻来使自己在这个村子里扎根安定下来。当他不遗余力地按照“城堡”的指示去安排他的生活，做学校的勤杂工、去酒店见埃尔朗格以后，却没有任何人可以认可他。无论他做什么，在城堡看来都是错的。越是真实细致的描述，越让人觉得这个世界荒诞怪异。

读到这里，我们有一个疑问，为什么卡夫卡要将《城堡》写得如此荒诞无比呢？

首先，卡夫卡出生在一个犹太人家庭，过着从小被排挤、被隔离的生活。他沉默寡言，焦虑而羞涩，从小就被父亲的权威压力所笼罩，加之自己对写作的兴趣无法得到父亲的理解和支持，也造成了他敏感孤独的性格。他一生未娶，没有建立自己的家庭，孑然一身。

正是这种深入骨髓的孤独感，带给他敏锐的洞察力与思考力，让他在作品中可以深刻描绘出人在社会中被动孤立的样子。身为孤独者的他，笔下的人物也摆脱不了这种不被理解的孤独感。

此外，20世纪的小说向内转以后，文学不再关注大的话题了，而开始探索个体的内心世界，回答人类内心的提问和内在的精神难题。这完全不同于传统的小说观念，它所深入的是现代人的内心世界，写的是内心那种极为隐秘而细微的经验。那种不安、恐惧、绝望，根植于那个内在的人。

这个时候的小说，已经开始出现将聚焦点投射到精神病患者、疯子傻瓜、绝望儿等这些弱小人物身上了。这些小人物在世俗生活中，都是不被理解的孤独者，但在文学写作上却具有某种精神标志的意义，能投射出每个人的内心世界，扩大我们对生活和自我的理解。

用米兰·昆德拉的话说，发现唯有小说才能发现的东西，乃是小说唯一存在的理由。一部小说，若不发现一点在它当时还未知的存在，那它就是一部不道德的小说。

作为“现代艺术的探险者”，卡夫卡一反传统小说的创作模式，采用全新的审美视角和独特的艺术风格构筑了一座现代艺术的迷宫，在小说这个区域，追问人性深处的答案。而他的作品也一直都在着力探寻永恒的、与人类一直共存的精神难题，比如空间和时间、生与死、绝望与拯救。这些都是无解的难题。

历来都说卡夫卡的作品难读，《城堡》也不例外，这是因为他的作品主题总是曲折晦涩，没有采用传统小说的线性叙事结构，故事情节的发展也不符合传统的阅读习惯。但卡夫卡非常善于用精密的细节层层密集地堆砌故事，并安排冗长的对话来展示人物的内心世界，却不会在作品中设置简单清晰的故事逻辑。

卡夫卡的小说通过呈现一个荒诞的世界，让我们看到，人类的生活处境，有时就如同城堡或者甲壳虫那样无奈或可怜。

卡夫卡通过这些特别曲折的叙述方式，想要传达给我们的，是一个比艺术自身还重要的人生结论，就是人与社会的异化。人变成了甲虫，人被城堡挡在门外，人变得虚无与绝望，所有的障碍都在粉碎人，人不能再像人一样活着了。

在《城堡》中，记叙了许多被生活忽视的小人物，他们都处于一种异化的处境中。

首先是K。K在整本书中的命运就像舞台上的小丑，他的所有跌跌撞撞的努力都显得和小丑一样滑稽可笑，毫无意义，被城堡这个旁观者轻视，呈现出一个可怜的孤独者形象。K处境的可悲之处就在于，他甚至不是被排斥，而是被无视。城堡通过巴纳巴斯给了K两封信，第一封是确认K被任命为土地测量员，第二封是表扬K的工作，此外，城堡没有给K任何其他的回应，也没有给他回复或主动联系的机会。K像一只无头苍蝇一样到处乱撞，城堡对他的所有行为不闻不问，只是不给他任何接近的机会。

然而最可怜的并不是K，而是生活在这样的异化关系中却毫不自知的村民们。他们为自己村民的身份感到安全而自豪，对城堡抱有深深的敬畏心理，对K这个外乡人看来毫无道理的规章制度都习以为常，比如非本地人不能在此处留宿，又比如平民是不被允许进入城堡的，再比如一旦官员看上哪个女人，哪个女人就只能服从等。往往对自己可悲的处境毫不知情的人，才是最可悲的。

如书中提到的巴纳巴斯一家、酒店女招待等，他们所生活的世界是矛盾而扭曲的，他们遭受种种不公的压迫却不敢反抗也无力反抗，他们向往明天却又看不到出路。

从这些人物悲惨命运的呈现，我们可以看到卡夫卡对现实世界的批判与揭露，也可以看出他对整个人类前途的忧虑和不安、悲悯与同情。卡夫卡之所以成为伟大的作家，在我看来，正是因为他的思维不受制约，敢于深入人物内心，挑战既定规则，引发新的深刻思考。

那么，在这本书中，“城堡”又指代了什么呢?

有人说是庞大的国家机器，有人说是严酷的行政当局。

马克斯·勃罗德则认为，“这座K未能进入、令人不解的连接近都未能真正接近的‘城堡’，正是神学家们称之为‘仁慈’的那种东西，是上天对人的命运的安排，是偶然事件、神秘的决定、天赋与损害的效力，是不该得到和不可得到的东西，它超越于一切人的生命之上”。

在这里，“城堡”更具有一种宗教意义，它是崇高的、神秘的，带有偶然性，超越一切人的力量而不可捉摸，我们可以称之为“命运”。K不知疲倦地想要进入城堡，其实是想要掌握自己的命运。但他注定会失败，因为没有人能战胜命运。

在本书后记中，卡夫卡的终身挚友马克斯·勃罗德写道：“这部作品与歌德的‘谁不停努力奋斗，我们便可以解救他’的格言是相似的。”或许可以说，《城堡》中的K也是一位衣衫简陋的浮士德式的人物，促使他不断抗争的，不是对人类的最终目标以及最终认识的渴望，而是对最起码的生存条件，对安居乐业，对加入公众生活的需求。对于卡夫卡来说，这些简陋的目标具有宗教意义，并且完全是正当的生活、正当的道路。

德国著名作家托马斯·曼曾这样形容卡夫卡：

“他是一位梦幻者，他的创作经常是完完全全以梦的特点构思并写出来的；他能把各种梦的那种不合逻辑的、压抑不安的滑稽模样，这种奇妙的生活的影子游戏精确地描摹出来，使人发笑。但是假如大家想一想：笑，这种发自更高缘由的‘含泪的笑’，是我们所拥有的并仍然为我们所保持的最好的东西，那么大家就会同我一样，倾向于把卡夫卡精心写下的东西算作世界文学中最值得一读的作品之一。”

所以，阅读卡夫卡需要耐心，去慢慢体味字里行间那种直抵人心的力量。最后，我们来思考一个问题，卡夫卡自己是否也认为，那座可望而不可即的“城堡”真的强大到不可战胜呢？

苏童：
有一个地方，我们永远无法到达

卡夫卡是一位我认为要“打包”推荐的作家，他的太多作品都值得我们去读。因为我们的中学课本收录了《变形记》的一部分，所以几乎我们每个人都读过卡夫卡。《变形记》的厉害之处在于，在整个世界——无论是哲学思潮还是文学史背景上——都还没有出现“异化”这个词的时候，卡夫卡就已经用小说为我们定义了“异化”。《变形记》可以代表卡夫卡作品的某一种风格，但只读《变形记》，还是读不出卡夫卡真正的深度。

卡夫卡是小说家中的哲学家，或者说是一个哲学家走入“歧途”，写了小说，让哲学有了叙事、人物的因素。他的每部小说看似不是在写现实，但其实处处都在写现实，这些小说被赋予了哲学意义，其实就是对人类生活做出的某种预言和判断。

《城堡》就是这样一部典型的作品。小说的故事非常简单，土地测量员K整天在小镇里跑来跑去，目的是要进入城堡。很多次他能很近、很清楚地看到城堡，但怎么也抵达不了。

按照我们的常识，你想要去某个城堡，一定会有很多条路可以到达。但《城堡》告诉你的是，你看见了目的地——一座城堡，也看到了有很多路通向那儿，但是每一条路对你都是关闭的，都是死路，肉眼可见的、不远处的城堡，你始终无法进入。这样的问题其实完全是一个哲学问题，你能看见某一个地方，但就是无法抵达。

小说以捷克[1]为背景。那时的法律，在现在看来是一部漏洞百出、无比荒唐的法律。比如在小说中有一份非常重要的公文，被随意滞留在某一个地方，公文上的信息没有被顺利传达出去，使得小镇居民都不知道这个非常重要的信息。这是一种对现实社会的影射。

小说里这样的隐喻和表达很多，你可以理解为荒诞，也可以理解为黑色幽默，还可以理解为政治讽喻。总之，这部小说里藏着丰富的可阐述的意义。而主人公土地测量员K就成了这种哲学表达、政治表达，甚至是社会学表达的符号，当然，更多的是文学表达的符号——一个人看见了一座城堡，却无法到达。

不同于很多小说家所惯常的叙事、描写以及人物的塑造，卡夫卡将这个过程压得很扁、很小。如果用现实主义的方法对《城堡》进行文本分析，那么它所塑造的人物形象是难以捕捉到的。然而读完这部小说，每个人都会有一种感受，就是人生当中的某一个时刻，你会发现你自己就是那个土地测量员K，你的命运有可能就像这样：你每天在看着“城堡”说，我要到那里去。然而你走第一条路走不过去，你想反正人生还很长，那就走第二条路吧；但是第二条路也不通，幸好现在正逢中年，还可以走第三条路……但是你发现每一条路走到最后都是不通的。你一开始读这部小说可能觉得有隔膜，但读着读着，你能进入到这本书里，领悟到原来这本书讲的是自己，讲的是自己生命中的某一个时刻，或者说是命运当中最幽暗的、最幽闭的某一个阶段。所以，每个人在每一个时刻都有可能成为卡夫卡笔下的K，那个土地测量员。

[1] 当时叫奥匈帝国。

《城堡》描写的不是我们日常生活里的世界，而是一个荒诞的寓言。但卡夫卡就是用这种荒诞的寓言式的阐述方式，对人类生活做出某种哲学性的预言，用一个“寓言”完成另外一个“预言”，用《伊索寓言》的这种“寓言”完成“诺查丹马斯预言”的那种“预言”——这是卡夫卡作品最大的意义。这也是为什么一百多年以后，人们——无论是文学界的专业人士、爱好严肃文学的读者，还是大众读者，把它看作是《圣经》一样的经典文本，并且列为卡夫卡必读的作品。

卡夫卡的另一部短篇小说《饥饿艺术家》，与《城堡》所表达的主题有些许类似。

《饥饿艺术家》写了一个杂耍艺人，他不耍刀枪棍棒，也不耍猴子宠物。他的杂耍是指把自己关在铁笼里，一直不吃饭，只“表演饥饿”。旁边有一个像审判员一样的人，带着这位“饥饿艺术家”到处表演。饥饿艺术家有一个台子，每天展示自己已经饥饿到了第几天，第 3 天……第 30 天……最后饿得皮包骨头。

他们每到一个乡村，就给这个乡村带来欢乐。大家都想看一个人关在铁笼里不吃饭能维持多长时间。这其实是一种非常残忍的文化，但更残酷的是，饥饿艺术家的笼子，渐渐无人问津，因为热闹的马戏团出现了，大家都去看新兴的、时尚的马戏表演。所有人都绕过了“人”的表演而去看动物的表演，甚至帮饥饿艺术家完成仪式的人——饥饿艺术家旁边的那个审判员，也去围观狮子表演了。最终，饥饿艺术家被遗忘了。

渐渐地，铁笼旁边堆满了杂物，以至于人们都绕着铁笼走，他每天都听得到路过之人的欢声笑语，但是所有的声音都是向着动物而去，他的表演失去了意义，而且他已经饿得奄奄一息。突然有一天，一个像村长一样的人物，突然发现路边上的铁笼里还有一个人。那个人消瘦得只剩一副皮囊，睡在草堆里。他就去跟饥饿艺术家说话：“人家都不看你，为什么不出来吃点儿东西？反正你的表演已经失去意义。”饥饿艺术家回答：“不是我爱饥饿，而是因为我在这个世界上找不到我的食物。”

世界上有这么多食物，但一个人找不到自己的食物，这是一件很不可思议的事情。这和卡夫卡在《城堡》里想要表达的“世界上有那么一个地方，看得见但就是不可抵达”的主题是类似的。卡夫卡从来不直接去写关于孤独、决绝类的词语，但人与这个世界最深的隔阂，他只用那么一句话，就表达出来了。

《城堡》是一部没完成的作品，但它成了传世巨作，这是作者卡夫卡绝对预料不到的。

卡夫卡生前是个公务员，在法律事务所工作，这个法律事务所专门负责给底层的劳动人民、工人上保险的。卡夫卡每天的工作很繁忙，但他又热爱写作，他认为自己的写作就是写着玩儿，从来不认为自己是一个大作家、好作家，这也是卡夫卡没有写完一部长篇小说的原因。

中外文学史上很少有作家在生前是没有一点儿自觉的，别的作家活着的时候就已经受到追捧，卡夫卡却认为自己“在文学史上可能没名气，可能会留下几笔”，他生前对自己的评价和认识低到什么程度？现在所谓的卡夫卡博物馆里，几乎没有卡夫卡的创作手稿，因为他觉得自己的创作不应该留下来，应该一把火烧掉。卡夫卡临死时嘱咐一个最好的朋友，在他死后要帮他把所有的、自认为不成器的作品烧光。但是他的朋友违背了他的遗愿，因为这个朋友明白卡夫卡文稿的价值。他把卡夫卡的很多手稿、作品都带到了以色列，并让其面世。100 多年来，卡夫卡这个名字变得越来越响亮，我想这也是卡夫卡生前没有预料到的。

因为他的朋友把他的很多手稿、作品都带到了以色列，所以出现了一个特别的现象：几乎所有卡夫卡的文稿都在以色列，而布拉格的卡夫卡博物馆里只有卡夫卡的请假条！

卡夫卡从年轻的时候就不停地生病。他做的又是基层比较辛苦的工作，经常需要出差，出差回来后就会生病，需要去医院，需要请假。所以在卡夫卡的博物馆里，你看到的是一个病人不停地向老板、上司请假，写的各种各样的请假条。

卡夫卡生前默默无闻，死后声名鹊起，这种差别在文学史上是罕见的，但是这就是卡夫卡。卡夫卡的小说，隐喻着人类的困境，并且这种庞大的隐喻可以穿越时间空间影响现在的我们。他小说中那些看似无意的句子，却像预言一样。这就是卡夫卡在哲学史上的意义，以及他真正的价值所在。

《霍乱时期的爱情》

他们仿佛一举越过了漫长艰辛的夫妻生活，义无反顾地直达爱情的核心。他们像一对经历了生活磨炼的老夫老妻，在宁静中超越了激情的陷阱，超越了幻想的无情嘲弄和醒悟的海市蜃楼：超越了爱情。因为他们已经在一起生活了足够长时间，足以发现无论何时何地，爱情始终都是爱情，只不过距离死亡越近，爱就越浓郁。

导读：

一个力量无穷的爱情故事，一部永恒的杰作

一看名字就知道，《霍乱时期的爱情》是一部关于爱情的长篇小说，它被誉为“人类有史以来最伟大的爱情小说”。要想读懂这部小说，我们必须解决这样两个问题：书中讲述的究竟是一份什么样的爱情？作者又为何要给这份爱情冠上一个“霍乱”的名字呢？这些问题，将在之后为你解答。

在解读这本书之前，有一个小故事：有两位将近 80 岁的美国老人，每年都会在墨西哥约会一次，这场约会，他们足足坚持了 40 多年。但这对老人在最后一次约会重温恋情的时候，竟然被载他们出游的船夫用船桨打死了，为的是抢走他们身上所带的钱。这两位老人各自都有幸福稳定的婚姻，并且子孙满堂。直到这起谋杀案被追查，这段持续了将近半个世纪的地下恋情才得以曝光。

这个故事来自一则新闻报道，《霍乱时期的爱情》这本书的作者马尔克斯就是因为这则新闻产生了灵感。于是，他根据这则新闻，在咨询了父母之间的爱情故事后，又加上他的亲身经历和道听途说来的素材，将这些故事杂糅在一起，写出了这部爱情小说。

小说讲述了一段跨越半个多世纪的爱情史诗，囊括了有关爱情题材所能

关联到的一切主题：暗恋、初恋、失恋、单恋、等待、丧偶、偷情、婚外恋、黄昏恋、老少恋，等等。这个庞大、系统却并不臃肿的囊括，再加上一个开放式的结局，便使得《霍乱时期的爱情》成了一本奇异而富足的书。

这本书的作者是哥伦比亚作家加夫列尔·加西亚·马尔克斯，他是“魔幻现实主义文学”的代表作家，是20世纪全球最重要的作家之一。

马尔克斯写完《霍乱时期的爱情》这本书时已经足足57岁了，而在四年前，他刚凭借《百年孤独》获得了诺贝尔文学奖。在诺贝尔文学奖界有一个不成文的说法，凡是得过该奖的作家，往往是很难再出经典作品的。但马尔克斯却打破了这个魔咒，写出了继《百年孤独》以来最优秀的作品，成了20世纪最重要的经典文学巨著之一。就连马尔克斯自己都说，他有两部作品在写完后整个人像被掏空了一般，一部是《百年孤独》，另一部就是《霍乱时期的爱情》。

《霍乱时期的爱情》这部小说所描述的时代背景是加勒比海城市的世俗风貌——危及哥伦比亚的三大灾难：战争、霍乱和人为的破坏。这部小说的时间跨度从19世纪80年代一直延续到20世纪30年代。战争和霍乱威胁着拉美人民的生命，而人为的破坏更加剧了人与自然的对立，促进了霍乱的频生。人的社会孤独感使人与人之间缺乏理解和信任，人们就像没有根的野草，不敢面对社会，更无力改变社会。

这种社会性的孤独大致可以分为两种：一种是与生存方式联系起来的表层心理感受，主要由外在的环境直接引起。比如和亲人分离，与恋人分手而产生的孤独。但随着外界环境的好转，这种社会孤独感就会随之烟消云散，比如和亲人分离后再次重聚，和恋人分手后再次复合并结婚。而另一种社会性的孤独是与生存意识相结合的深层内心体验。它长久地潜伏在人的心灵深处，环境的改变并不能轻易地消除这种孤独感。即便在拥挤的人潮中，或是在幸福的蜜月旅行中，这种孤独感都丝毫不会散去。总而言之，在这样一个社会整体性孤独的环境中，《霍乱时期的爱情》这部小说中的人物将不可避免地受到环境的影响，比如主人公阿里萨，就是一个略显孤独而忧虑的人。

介绍完了作者和基本情况，就让我们一起走进这段神秘莫测的爱情故事吧。

一位叫乌尔比诺的医生，他前来检查好朋友的遗体。这位好朋友是自杀的，死亡的时候已经60岁了。他之所以在60岁的时候选择自杀，为的是不再变老。乌尔比诺医生检查完遗体后回到家中，发现自己心爱的宠物鹦鹉正停在一棵杧果树的顶上。这只鹦鹉可是相当不听话，已经到处乱跑好几天了。于是医生打算抓住它。他搬来了梯子爬上杧果树，却一不小心摔了下来，迎向了自己的死亡。

在马尔克斯笔下，很多人物的死亡都十分离奇和荒诞。比如《霍乱时期的爱情》中这位德高望重、声名显赫的医生，竟然是在爬树抓鹦鹉的时候摔死的。在这里，作者显然试图以某种“不合时宜”的反常，来打破情境的模式化。这种荒诞的情节在《百年孤独》一书中表现得更为明显，有人是在大树下小解时死去的，有人被大风吹走了，甚至还有人被蚂蚁吃掉了。但就是这些荒诞到不能再荒诞的情节，让小说充满了浓浓的悲剧意味。

乌尔比诺医生死后，他的妻子费尔米娜为他举办了隆重的葬礼。葬礼过后，男主人公阿里萨来到了医生家向这位刚失去丈夫的寡妇表白。原来，阿里萨和费尔米娜是旧相识，两个人年轻的时候曾有过一段恋情，并且已经到谈婚论嫁的地步了。但是阿里萨这种在别人刚死了丈夫就来表白的行为，着实吓了费尔米娜一跳，让费尔米娜感到了一种被侵犯的愤怒。但愤怒过后，费尔米娜却不得不承认，阿里萨的行为唤醒了她对爱情的渴望。尤其是当费尔米娜发现阿里萨的身影竟然在她心里占据了那么长时间时，她感到不可思议，并惊恐不已。

那么这对有情人是如何相识并且相爱的呢？他们在年轻的时候究竟发生

过怎样一段刻骨铭心的恋情呢？两个人又为什么没能走到一起呢？请容我慢慢道来。

阿里萨年轻时，是个略显忧郁的少年。有一天，18 岁的阿里萨走过 13 岁少女费尔米娜的窗前，女孩偶尔地一抬头，一瞬间撞进了阿里萨的心里。费尔米娜符合阿里萨对恋人所有美好的想象，阿里萨不能自拔地爱上了她，他不断地给费尔米娜写信，还在离费尔米娜家不远的地方拉小提琴。如果收不到费尔米娜的回信，阿里萨整个人都会失魂落魄。

很快，费尔米娜的姑妈便知道了阿里萨对费尔米娜的心意，她深受感动，想起了年轻时的自己。于是，在姑妈的鼓励下，费尔米娜勇敢地迈出了第一步。就这样，他们由同情到惊喜到好奇再到彼此有好感，两个年轻人，一个享受，一个煎熬，都反映了爱情美好的模样。

两年的通信后，阿里萨决定求婚。但费尔米娜的爸爸一心想攀龙附凤，想让女儿嫁入上流社会。热恋中的费尔米娜不愿意接受父亲的安排，甚至把刀架在脖子上来反抗父亲的专制；阿里萨也无惧费尔米娜父亲的枪口，表达着自己坚定的爱和决心。无奈之下，费尔米娜的父亲只得带着费尔米娜开始了长途旅行，希望用距离冲淡这段感情。

但聪明的阿里萨早已利用电报得知了费尔米娜每一程的行踪，因此费尔米娜每到一个地方，都能收到阿里萨寄来的信件。两颗心并没有渐行渐远，反而越加靠近。

费尔米娜的父亲看女儿已经有很长一段时间没提过阿里萨，以为女儿终于忘掉了这个穷小子，便放心带她回家了。只是回家后，费尔米娜对阿里萨的感情却瞬间来了个 180 度的大转弯。这是为什么呢？

原来，费尔米娜回来后，有一天去了代笔先生门洞。这个门洞是当时下流社会的人常去的地方，相当于一个乱糟糟的菜市场，规矩人家的女孩是绝对不会去的。但费尔米娜时隔很久才回来，并不知道那是什么地方，只是无意识地走了进去。但阿里萨却在暗中一直跟着她，并提醒她说“对戴王冠的仙女来说，这里可不是什么好地方”。

费尔米娜被阿里萨突然冒出来的这句话吓了一大跳，她回过头，却看到了两只冷若冰霜的眼睛、一张苍白的脸和两片因胆怯而咬紧的嘴唇。一瞬间，费尔米娜所有的思念和幻想都破灭了，她无法想象自己怎么会爱上这样一个看起来像极了魔鬼的家伙。

长时间的通信，早就让情人彼此不再是真实的样子，而是记忆中的样子。阿里萨爱上的是心中那个优雅的女神，费尔米娜爱上的则是那个有着诗人气息、安静忠贞、勇敢无畏的迷人少年。如果说费尔米娜的父亲真的做了什么阻止了他们的爱情，那就是他带费尔米娜出去见识了世界，让她知道了生活里并不只有爱情，也不是只有爱情才能让人感到幸福。费尔米娜的世界已经变宽广了，那个冰冷僵硬的阿里萨也便无法吸引她了。

于是，费尔米娜同阿里萨分手，并退回了阿里萨写给她的所有信件。阿里萨无法接受这个事实。漫长的等待、无止境的思念、一次又一次被拒绝，使这部小说洋溢着马尔克斯式的孤独与绝望。在阿里萨无数次付出却没能得到回应后，马尔克斯让这两个人同时大病一场，借以表明爱情曾经来过，而并不是阿里萨单方面的暗恋或幻想。

费尔米娜像阿里萨一样被医生误诊为霍乱，而来给她看病的医生乌尔比诺，也就是费尔米娜未来的丈夫，对她一见钟情了。

费尔米娜的表姐先后见过了阿里萨和乌尔比诺医生。表姐对阿里萨的印象是虽然给人感觉可怜兮兮的，但身上洋溢着爱；而在见到乌尔比诺医生后，表姐对医生的优雅风度充满了兴趣，甚至有狂吻他的欲望。就像费尔米娜曾在姑妈的鼓励下和阿里萨交往一样，这一次在表姐的鼓舞下，费尔米娜答应了乌尔比诺医生的求婚。

就这样，费尔米娜嫁给了医生。那么，阿里萨就甘愿放弃了吗？当然没有。阿里萨在心里暗暗发誓，他要为费尔米娜保持贞洁，总有一天，他一定会和费尔米娜在一起。但那桩婚事确实让阿里萨心灰意冷了，他坐着船离开了家乡。

自此，两人的命运向着各自的方向渐行渐远。在船上，阿里萨在黑暗中同一位女子发生了关系，他并不知道这个女子是谁，却爱上了这种肉体上的刺激和快感。从此，他在很多女人身上寻找费尔米娜的影子，但这种做法只不过是自欺欺人罢了。

与此同时，费尔米娜的生活又怎么样呢？虽然偶尔会被琐事劳累，但更多的时候，他们互相搀扶，是外人眼中的模范夫妻。然而这段婚姻并不是牢不可破的，医生人到中年竟然出轨了。费尔米娜大为恼怒，一走了之。医生则因为愧对妻子断绝了与情人的关系，辗转接回了妻子，度过了人生的最后几年。直到他意外从高处跌落，临终前对费尔米娜说的最后一句话是："只有上帝知道我有多爱你"。

阿里萨听到医生去世的消息后，觉得自己重新有了机会，便立刻断绝了与所有情人的来往，来到费尔米娜家表白心迹。但这个时候的费尔米娜却只是感到唐突和厌恶，她愤怒地让阿里萨滚开，却在夜深人静的时候忍不住回想起与阿里萨曾经的点滴。

这时候的阿里萨已经76岁了，他像小孩子一样学用打印机，写下一封封匿名的情书。费尔米娜则用一年的时间整理自己的内心，适应无依无靠的生活。一年以后，两人终于可以消除隔阂，像朋友一样坐下来聊天，彼此陪伴，在爱情面前，阿里萨像年轻人一样着急，又像老年人一样有耐心。

在此不得不佩服马尔克斯对细节的深刻把握，他不厌其烦地描述了老人如何把打字机搬回家，如何记熟键盘上字母的位置，如何练习盲打，如何填写和装饰信封并寄出的种种细节；除了写信，阿里萨还为费尔米娜送花，对于花的选择也是煞费苦心。正是这些细节，让阿里萨的形象变得生动而可爱。

书中像这样周详的小细节比比皆是。一本书是否精妙，除了在于对结构宏观的把握，情节的设计和铺陈，还在于细节的刻画和升华。正是这些真实纯粹的细节，才显示出力量，使这本关于爱情的书，成为关于生活的书，进而升华为一本关于人的书。

我们回到故事本身。阿里萨和费尔米娜关系得到了缓和，年轻时那个叛逆倔强、桀骜不驯的费尔米娜又回来了，她不堪忍受儿女的指责，再次想到了逃离。

阿里萨充满热情地为他们计划了行程。他们像初恋情人一样，满怀紧张地触碰对方，又像老夫老妻一样，为对方洗假牙、拔火罐。费尔米娜担心这桩情事可能会引起丑闻，于是好心的船长升起了一面代表霍乱流行的黄旗，护送着这对老人，护送着这场自我放逐但永不分离的爱情。于是，两个老人避开了世俗的眼光，阿里萨终于说出了迟到了 53 年 7 个月 1 天的那句“永生永世”。

马尔克斯的写作，忠实于自己对世界的观察。这种忠实表现在文本中，就要求剔除一切浮夸文风、辞藻的堆砌和夸张性的描述，要求触手可及。但越贴近生活、越接地气的故事，就越真实动人。太远的故事只是故事，身边的故事才是人生。

读到这里，《霍乱时期的爱情》这本书的内容我们就讲完了。同时可以回答之前所提出的问题：作者为何要给这份爱情冠上一个“霍乱”的名字呢？

实际在这本书中，“霍乱”是“爱情”的一个策略性的修辞。故事发生在霍乱时期，在小说中，马尔克斯赋予了霍乱一种象征性意味，那就是爱情。因为霍乱能致人死命，也能让人懂得生命的珍贵，从而激发出更加顽强的生命力。这场“霍乱时期的爱情”，恰恰也是一场经受住了考验的爱情。

当然，在生活面前，文学不是万能的。在小说的结尾，霍乱之船似乎无法到达终点，生活为不可知的目的地安排了诸多的可能性，这也是为什么马尔克斯要为故事安排一个开放性的结局。但小说毕竟只是小说，它需要一个终点来给人以美好和希望。于是，马尔克斯让阿里萨在结尾抛出了“永生永世”四个字，虽然仓促，但尽显美好。生活向我们敞开无数种形态，但文字只能选择其一而凝固。而直指人心和人性，传递美好和希望，才是文字真正的力量。

苏童：
爱是一场美好的霍乱

《霍乱时期的爱情》与《百年孤独》相比，我完全不知道哪部更精彩。《百年孤独》是我们不应错过的经典，但是如果只看《百年孤独》，你还不知道马尔克斯真正的伟大，你需要看《霍乱时期的爱情》，最好再看《迷宫中的将军》，才能对这位真正的大师的写作风格有清晰的轮廓认识。

在《百年孤独》中，一切都是可以飞翔的，所有的鬼魂、幽灵，和平共处于每一个人物身上，人可以任意与鬼魂交流……这样的细节会给人一种印象，会认为这个作家怎么编出这样的情节，但是你如果看了马尔克斯个人生活的回忆录，你会发现原来这些都不是编的。马尔克斯作品中的魔幻情节多多少少是他遭遇的现实，而不是空想出来的，他几乎是把自己童年生活中所遭遇的每一件事情的记忆都复制了下来。

马尔克斯的童年时期，经常被送到外祖父家的大宅子，八岁的马尔克斯很闹腾，在房子里到处乱跑，家里人为了让他不要闹，就告诉他，“你不能随便走动，如果你在这个院子里随便走动，就会惊扰到 ×× 伯伯的幽灵了，你别去这个房间，也别去那个房间，那是 ×××……一个 ×× 奶奶的魂灵在……”一到傍晚，小孩最闹的时候，他的外祖母就给他一张凳子，让他坐在院子里别动，说“这时候你要小心，你不能乱走乱动”，其实只是为了不让他调皮。马尔克斯就坐在那里，脑子里充斥着没见过面的亲人的亡灵走动的声音，他真的感觉听见了那些亡灵清楚地在说话，在吵架。他所生活的那个国度和民族充满神话、鬼怪、幽灵的传说，所以《百年孤独》不是他凭空想象，而是通过生活中的某一个记忆再现这样的生活。

《霍乱时期的爱情》的不同之处在于，它更多的是用传统的写实主义手法写的，但也不像传统文学那样一板一眼、沉重累赘，他写得很轻很飘，或者说是写得有飞翔的感觉。它的故事线索的铺排和它的结构方式，与《百年孤独》不太一样。《百年孤独》中时空转换、人物之间交错，跳转非常厉害。但《霍乱时期的爱情》叙事线索非常稳定，结构也很简单，它只围绕着一女两男和他们身边的那几个亲人展开，因此没有任何的阅读障碍。

书中写的是一场真正的爱情，而且在某种意义上特别温暖：一个特别漂亮的美女，在青年时代嫁给了一个爱她的人乌尔比诺，另外一个爱她的男人阿里萨，一生都在追逐她，追逐这段似乎不可得的爱情。后来乌尔比诺死了，阿里萨终于得到他的爱情。这里横空出现一个情节：有一个机会让他们坐上了同一条船。船长为了让这对年迈的、错失几十年的男女能够好好地在一起，在船上挂上了一面黄色的旗帜，代表这艘船上有霍乱，不能靠岸。最后只说他们会一直待在船上，但没有说他们要在船上待到什么时候，当然也没说一定要待到死。这种浪漫因为建立在如此庞大的爱的基础上，就已经不仅仅是浪漫，更是某一种力量，某一种心酸的力量，也可以说是某一种美的力量。爱，对于这些老人来说就是一场霍乱，它可能是致命的，但是在这里是美好的。

我认为这部小说里最成功的人物形象是阿里萨，一个爱上一个女人几十年而不得，一开始要为那个女人保持贞洁，后来为了破坏自己对这个女人的贞洁，放纵自己的生活，成了一个浪荡子。在几十年之后，乌尔比诺死了，他心目当中的年轻时追求的那个美女又恢复了自由，他又可以追求了。对于一个真正的圣徒来说，浪荡子也只不过是表象。

这部小说在那么多关于爱情的文本中显得与众不同的原因是什么呢？

川端康成讲过一句话："青年人有爱情，老年人有死亡。"《霍乱时期的爱情》恰好对于川端康成的表述做出了一次极好的修正。老人既有爱情又有死亡，这里的死亡变得很动人，爱情就变得更加动人。一个好看的爱情故事——向着它应该发展的方向发展，而在每一个发展的同时，它所给予你的都超出了你的预期，这就是《霍乱时期的爱情》的必读之处。

《霍乱时期的爱情》里，人物刻画的细腻程度，与《百年孤独》大开大合的快节奏是完全不同的，它有西方文学精雕细刻的写实笔法，同时有规律的想象力也在起作用。所以我觉得《霍乱时期的爱情》与《百年孤独》可以并列为马尔克斯最伟大的两部长篇小说。

马尔克斯自己最得意的作品是《迷宫中的将军》，这部小说以拉美的民族之父玻利瓦尔的晚年为蓝本，小说没有段落，每一章从第一个字到最后是不分段的。但我还真不认为它比《霍乱时期的爱情》写得好，当然每一个作家对自己的作品有时候也不一定很客观，这只是他的想法。马尔克斯有太多精彩的中短篇小说，比如早期的《枯枝败叶》《飞机上的睡美人》，再比如《礼拜二午睡时刻》，这些小说你会看到马尔克斯有巫师般的叙事能力，尽管有很好的中文译本，但我们可能还是不懂西班牙语的一些深层次的表达方式。

比如《礼拜二午睡时刻》里写"热"，一户人家的儿子在外地被当成小偷打死了，他母亲带着女儿坐火车去上坟，马尔克斯写酷日当中铁路旁边的景色，然后写儿子被打死的地方像春风吹过一样的阴凉，在路上那么热，一到那个地方就感觉凉快了。温度的对比，透出一种死亡的气息。这是很深层次的表达方式。再比如他写香蕉林，你仿佛能闻到香蕉味。最近我还看到一篇马尔克斯写得非常真挚的纪念他逝去的好朋友，一个拉美作家科塔萨尔的文章。当时我是在火车上阅读这篇文章，简直是一会儿想笑，一会儿想哭。

即使写这么一篇悼文，也透露出他是一个巨匠的能力。所以谈马尔克斯其实不是推荐一部作品，而是推荐这一个作家的问题，他一生的作品都不要漏过。如果不读马尔克斯，我相信你会错过和一个文学大师在文字里交流的机会。

很多人说你青年时代喜爱的一个作家，有可能随着时间的流逝和自身的一些经验、理性的成长和成熟，会减弱你对他的热爱。很多情况下是这样的，但马尔克斯永远只给你惊喜，无论是什么类型的故事，他一定把它讲到最好。所以我特别建议，大家不要把马尔克斯当作一个拉美魔幻主义潮流中的典型作家、代表作家去读，而要把他当作一个伟大的经典作家去读，这样对大家的文学经验提升一定会很有帮助。

《黄雀记》

她为自己感到委屈，命运为什么总是对她不公？她的选择，为什么总是错的？生活亏欠她的，什么时候偿还？她像一条不安分的鱼，自以为游得很远了，最终发现一切是个幻觉，游来游去，还是逃不脱这个城市的渔网。

导读：

所谓命运，就是半点不由人

多年来，文学评论界习惯评价苏童“以少年视角观察生活”，擅写身处孤独、绝望中的青少年，与邪恶、犯罪有关的边缘故事。他偏爱悲剧，笔下的香椿树街系列故事，多数以灰色为主调。

苏童的成名作当推1987年发表的《1934年的逃亡》，另一部作品《妻妾成群》被张艺谋改编成电影《大红灯笼高高挂》，苏童由此进一步声名鹊起。这部《黄雀记》算是作者送给自己50岁的生日礼物，荣登“中国小说学会2013年度长篇小说排行榜”，2015年获得第九届“茅盾文学奖”。

《黄雀记》在风格上，是香椿树街系列故事的一个延续。故事并不复杂，就是一桩20世纪80年代发生的青少年强奸案。而故事的起因，竟然是80元旱冰鞋的押金。

整个故事分为三章：保润的春天，柳生的秋天，白小姐的夏天。三章的标题，也说明了书中三个不同的叙事视角。现在，我们带着对这个故事的好奇和疑问，一起走进作者笔下熟悉和热爱的那条香椿树街吧！

一个人无法张罗自己的葬礼，身后之事必须从生前做起，这是保润祖父的信条。每年春暖花开的时候，祖父都要去拍照。镁光灯第三次闪光的时候，声音格外地响亮，祖父突然惊叫一声，破了！我脑袋里的气泡破了，你看见那股青烟了吗？我的魂飞走了，我要死了，我的脑袋空了，都空了！于是，祖父“丢魂”的新闻轰动了香椿树街。

绍兴奶奶最同情祖父的遭遇，原来绍兴奶奶也曾丢过魂。祖父向她讨要良方。“我还有几根祖宗的尸骨，有没有用？当年我捡了两根，藏在手电筒里埋起来了。”绍兴奶奶眼睛一亮，尸骨好！手电筒埋在哪儿了？赶紧去挖出来呀！祖父满头大汗，忽然呜呜大哭起来，一边哭一边用力拍打自己的脑袋，手电筒！手电筒埋在哪里了？我该死，什么都想不起来啦！

4 月的时候，祖父还很健康，到了 5 月就疯疯癫癫了。祖父说，他的手电筒埋在一棵冬青树下。残存的智慧告诉他，为了让街坊邻居容忍他的探索，必须适当地使用心计。他说，当年埋藏的不是一只普通的手电筒，是一只装满黄金的手电筒。原来是挖黄金！一场疯狂的掘金运动席卷了香椿树街，这里唯一的一条绿化带很快消失干净。负责街道卫生的三个女主任闯到保润家来讨伐罪魁祸首，把祖父绑到井亭医院去了。

祖父从丢魂时的恐惧，转换成了寻魂时的执拗。为了防止祖父挖坏医院的植物，保润每天的工作就是必须把祖父捆绑牢固。一个在社会上懒于学习的 14 岁少年，竟然在井亭精神病医院里绑出了名气，捆绑人的花样也层出不穷。很多护士和病号家属都是慕名而来，请他去捆绑各种病人，柳生就是其中一位。他曾经来请保润去捆过他的疯姐姐。

一次，柳生钩住保润的肩膀，压低嗓门说，你在这儿闷不闷？要个妹妹吗？保润脸上不住地发烫，手足无措。柳生坏笑着说，少装蒜，看上老花匠的孙女仙女了吧？我替你安排。

保润半信半疑，隐隐觉得自己被柳生抛出的诱饵俘虏了。一切是怎么开始的？他是从什么时候开始想仙女的？保润的身体隐约知情，头脑却一片茫然。反正都是这个春天的事，保润的春天从此开始了！

有一天柳生告诉保润，仙女答应跟他去看一场电影，只不过有几个附加条件，必须在井亭医院以西300米的汽车站接她，必须去工人文化宫，必须看进口的爱情片，看完电影还要带她去滑一场旱冰。对于保润来说，这是他人生的第一次约会，但仙女的条件让保润的春天没有浪漫却感觉到羞耻。于是他决定结束这错误的一天，并用旱冰鞋敲着栏杆，对着仙女喊道，“押金，记得把押金拿回来！”然后在仙女当众的辱骂声中，扬长而去。

旱冰鞋的押金80元，保润问仙女要了几次，都被拒绝。保润决定带走仙女的两只兔子以求公平。既然把兔子视为人质，便要善待它，他准备为两只兔子寻找一个合适的居所，于是钻进了医院东北角的小树林，柳生像一个幽灵，尾随着他进入了树林。

“你提着人家的兔笼在这里干什么？功夫不错呀，”柳生说，“约会才几天，就在替她喂兔子了？”

保润想想此事柳生罪责难逃，便说：“告诉你也无所谓了，她吞了我80元，连个说法也没有，我扣她两只兔子，做人质！”柳生说：“她要你就是要我，这件事情我负责到底，人也好，钱也好，都包在我身上了。”他们约好在医院的水塔里会合，一切由柳生安排。

一夜之间，兔子不见了！保润到了水塔，猛然觉得身后撞过来一阵风，仙女满脸是泪，高举兔笼朝他砸来，“我的兔子哪儿去了？你灭了我的兔子，我灭了你！”保润赌气地拿出一条狗链子，套到仙女的肩上，冷笑道：“我们今天清账，谁也别欠谁。”说着从口袋里掏出手套，堵住了仙女的嘴巴。

因为80元旱冰鞋的押金，保润捆了仙女，开玩笑似的打闹，本是青春叛逆期常见的小事。但谁也没有想到，竟然因为这80元引发了一桩犯罪案，最终拆散了三个家庭。

树林里响起一阵自行车的铃铛声。柳生终于出现了。他朝水塔鬼鬼祟祟张望着，脸上露出一丝诡秘的笑意。“我去食堂找小崔了，红烧兔肉不要花时间炖吗？”保润打了个寒战，脑袋嗡地一响，一口气跑到树林外面去了，远远地传来了柳生羞恼的叫喊声：“保润你这个大傻瓜，我都是为你忙，跟你交朋友算我瞎了眼，从今往后，我们一刀两断！”保润虽然把仙女的兔子当人质，但也从未想过伤害它们。他很生气，觉得柳生是个可怕的恶魔。

春天的一个下午，保润莫名其妙地成了犯罪嫌疑人，而柳生先是被抓，很快又被释放了。提审员告诉保润：“你犯了强奸罪，出不去了！”保润觉得，这件事如同晴天霹雳，超出了他的想象。保润一心憧憬的春天成了一个含冤入狱的懵懂少年的春天。

保润出事了。保润的父亲羞愧地想，都怪自己没本事，关系通不上去，柳生家把工作做到了前面，已经把事摆平了，那女孩一家卷了铺盖走人，连个鬼影子都没了。保润的父亲第二次中风。人们偶尔会在街上遇见面容枯槁的保润母亲栗宝珍，很多人同情她，家里三个男人，却是一个犯人，一个病人，还有一个疯子。那个家也已经倾颓了大半，摇摇欲坠了。

柳生夹着尾巴做人，已经很多年了。侥幸躲过了一场牢狱之灾后，他的生活就被侥幸定义了。多少年来父母的絮叨像一只闹钟，随时随地提醒他：你的快乐是捡来的，不要骨头轻，夹着尾巴做人吧。他拖累了整个家庭，这种负罪感使他变得谦卑而世故。

精品时装店的马师母特意到肉铺来找柳生母亲邵兰英谈心，婉转地说，保润替柳生吃了官司，是否让柳生代替保润行个孝道，多去井亭医院照顾一下疯老头？邵兰英把任务交给儿子柳生。

柳生便开始总往医院的办公楼里跑，乔院长那里他跑得最勤，最终乔院长拍板，允许他来承包医院的蔬菜、肉类供应。柳生开着面包车来往于香椿树街和井亭医院，脸上总是喜气洋洋的。有人看过他把红包往保润祖父的裤腰里塞，关照祖父说：“没钱了跟我要。”祖父近年来四肢肌肉萎缩得厉害，已经拿不动铁锹、铁镐了，无须捆绑，监护就少了很多麻烦。柳生去陪祖父，更多的是给他理发，带他洗澡。他欠保润的，都还到了祖父身上。这样的偿还方式多少让他感到一丝心安。

保润的父亲含冤离世，死于第三次中风，来不及说出临终遗言。这是香椿树街有史以来最安静的丧事，没有人哭丧，灵床也停在幽暗处。保润和祖父都没有回来，葬礼之后，母亲被妹妹接去了省城，家也交给马师母打理了。一个活生生的家庭就这样在古老的香椿树街消亡了！

那场罪案发生后，保润顶替柳生坐牢，柳生夹着尾巴做起生意，仙女随家人离开。十年之后，三人重逢。早已不同命运的他们，将如何面对未来的生活呢？

柳生曾经设想过多年以后与保润的一百种相遇，独独没有设想过与仙女的相遇。仙女回来了，柳生犯罪的青春也回来了。柳生忽然发现这么多年过去了，他一直被阴影包围着。

世上再也没有仙女了。仙女已化身为白小姐，沦落风尘。柳生接到白小姐电话，请他帮忙追债。那些钱是她向郑老板借的，又以高利贷的方式，转借给了马戏团。现在已经逾期一年多了，郑老板准备炒她的鱿鱼。柳生为白小姐去讨债，却逼死了欠债人——当年在马戏团大红大紫，后来因为和白小姐的一场婚外恋而变得消沉颓废的演员瞿鹰。

柳生自从侥幸躲过那场牢狱之灾后，就开始了他的赎罪之路，替保润承担起了照顾祖父的义务。现在白小姐回来了，他又为她鞍前马后。

有天早晨，柳生打开车门，听见有人在车厢里打呼噜，他大喝一声："谁？干什么？"呼噜声戛然而止，一张男人的脸慢慢钻出来。车厢里瞬间充满了惊悚的气氛，他一眼认出来了，是保润。"你是柳生？"保润好奇地打量着柳生，"你混得不错啊，都有汽车了。"柳生打了个冷战，下意识地想弃车逃走，保润抓住了他的衣襟，"你跑什么？怕我啊？"保润说："我搭你的车到井亭医院，去看我爷爷。"柳生舒了口气，问他："你不先回一趟家吗？"

保润摇着头说："先看我爷爷，其他的事情，一件一件来。"保润出狱后的第一件事是先去看祖父，他对家庭，还是有所期待的。

祖父却已经不认识保润了，他说："我是孤寡老人，哪来的儿孙？"

"你不是孤寡老人。"柳生说，"好好想一想，就记起来了。"

祖父坚决地摇头，表情痛苦又烦躁，不停说着："你别让我想事情，我的脑袋又要爆炸了。"

柳生没有料到，保润会突然扑向祖父，他用两只手夹住祖父的脑袋，发疯般地摇晃起来，"给我想，我是谁？你脑袋疼死也要想，给我想！"

祖父发出一声声惨叫，柳生好不容易把保润拉开，对保润说："他不是故意忘记你的，这叫失忆懂不懂？你怎么能这么对待他？"

"这老东西，气死我了。"保润走到窗边，用手蒙着脸说，"什么失忆？我怎么不失忆？我还稀罕感情吗？早不稀罕了。"

不仅是祖父，很多香椿树街的居民都忘了保润的名字。只有柳生客气，执意要为保润接风，问他喜欢什么样的热闹？保润说："都不要，你借我一个拉杆箱就行了。我明天去省城看我妈。我姨夫当了大官，他要是给我安排一个好工作，我以后就在省城混了。"熬过十年牢狱之灾的保润，似乎有些变了，但他还是对未来的生活抱有希望。

保润去了省城，几天后，一个人回来了。姨妈一家对这个外甥很冷淡，时刻带着戒备心；母亲栗宝珍在省城找了老伴，放弃了儿子。栗宝珍被逼急了说："实话告诉你保润，我情愿死在老人院，也不回香椿树街了。"

这一次，保润知道自己的未来里不会再有母亲了。他趁着天黑钻回家，闭门不出。几天后，保润开始在家里大扫除。他在床下找到了父亲的骨灰，柳生开着面包车，陪保润去了光明公墓。保润磕完了三个响头，忽然将耳朵贴在石屉上说，我爸的骨灰在里面跳呢。柳生凑上去听，果然听见粉末喧嚣的声音。柳生说："是你爸的魂不甘心，大概要关照你什么话吧？"保润边拍边说："爹，你别吵了，我都听见了。"石屉果然静下来。

柳生问保润，嘱咐他什么，他拍一下脑门，"我来猜猜，他肯定是嘱咐你，过去的事情就让它过去吧，你要向前看。"保润慢悠悠地说："这都是报纸电视瞎诌的话，过去的事情就让它过去？那怎么可能呢？"

保润熬过十年牢狱生活后，又经历了祖父的遗忘，亲戚的鄙视，母亲的背弃和父亲的阴魂不散。这一切都加速了他心中那颗复仇的种子野蛮生长，故事也在此埋下伏笔，暗示着柳生悲凉的秋天。

白小姐走在路上，发现有个男人一路尾随。她闪进一家点心店，刚坐下，发现那男人也进来了。他坐在对面的一张桌子上，掏出一条绿色的尼龙绳子摆在桌上，眯着眼睛，看她。她突然想起保润这个久违的名字，心里一阵惊悸。

这是保润出狱后，第一次来找仙女。仙女从他平静的表情中，读到了寒意，她冲出了点心店，但还是被保润追上了。

"你到底要怎么样？不是放出来了吗？不过是坐几年牢，又没死又没残，有什么大不了的？里面待几年，也没有损失吧？外面世道不好，多难混啊。"

保润凝视着她的脸，突然说："绑是绑的错，强奸是强奸的罪，谁绑你谁强奸你，这么简单，你分不清？我就是不明白，为什么强奸你可以，绑你一下，就不可以？当初到底拿了人家多少好处？"

白小姐几乎就要脱口承认，但注意到保润阴郁的眼神，便只叹了口气说："我知道你恨我，我承认你有冤，我跟你说一百个对不起行不行？赔钱？"

保润摇了摇头，"你态度有问题。我不要你赔钱。我损失什么你赔什么。先赔时间，十年时间，你还要赔我十年自由。"

白小姐瞪大眼睛看着保润，"时间怎么赔？自由怎么赔？你把话说清楚，到底要我赔什么？"

"我也没有想好，我们要商量。"保润说："我们找个地方坐坐好吗？

要不，我们再去看一场电影？”

“谁跟你去看电影？谁跟你商量？本小姐恕不奉陪！”她涨红了脸，指着保润的鼻子说，“以为我怕你吗？要杀要剐随便你，我等着！”

白小姐回了家，决定带着行李离开，却看见一根绿色的尼龙绳子拴在门把上。保润就像一个追凶的鬼魂。躲是躲不过去了，她只好选择面对。

盯着保润沉默了一会儿，她轻蔑地笑了，“你葫芦里卖的什么药，趁早给我倒出来。”

“倒出来也没有别的药，我想请你去跳小拉，我没有什么别的意思，不过是要个公平。”

保润点了一支烟，不说话了。他夹烟的手指在颤抖，白小姐第一次从保润的脸上看到了伤感，还有一丝疲惫。

保润心目中的公平，也许就是能像十年前的柳生一样，拉着仙女的手跳一曲小拉，他试图以这样的方式，证明自己和柳生是平等的，在仙女心中占据着相同的地位。保润像一个孩子，他念念不忘的小拉，其实是藏在心底的那份年少时的悸动与纯洁。

他们再一次走进水塔。这个瞬间，白小姐的耳朵灌满了时间呼啸而过的声音。这座水塔是她的纪念碑，它也许一直在等她，等她来祭奠自己的魂。白小姐听到保润说：“我们不跳小拉了，改跳贴面舞吧。”她没有躲避，任凭保润的面孔突兀地贴住她的脸颊，久久不动。突然她感到脸上被打湿了，听见了保润哽咽的声音。保润离开了，水塔的铁门砰然关上，传来保润沙哑的声音，“你跟柳生走吧，从今天开始，我们清账了。”这是小说中特别触动人心的一段。十年后的保润，十年后的仙女，一切都变了，一曲共舞，还清了十年的牢狱之灾，这就是保润对待这段曾经伤害过自己的爱情的态度。

相对于保润的青涩之爱，白小姐的感情生活像是一个个筹码。春天与庞先生的欧洲九日游，最后变成一些破碎的记忆。避孕措施是怎么失败的，白小姐一点儿印象也没有了。妊娠反应很强烈，白小姐感到懊丧。与男人们周旋这么多年，不仅身体的疆域失守，她生活中某些坚定的信条，也一下子破碎了。刹那间，她觉得自己是有罪的。即将到来的是仙女的夏天。

天快亮时，有人敲门，她猜到是柳生。柳生来找她聊天，他因为无法把仙女和白小姐的两种性格在同一人身上剥离而纠结痛苦。炉子上还留着小火，一锅粥冒着新米的香气，桌上有切好的咸鸭蛋，还有一碟小菜。她坐下来喝粥，忽然觉得这样平淡安详的生活其实很好。这是仙女心目中女人最起码的幸福，她曾经以为驯马师瞿鹰会给她幸福，以为庞先生会给她幸福，到头来，为她准备早餐的男人，竟然是柳生。

她说："我认命了，没有什么好日子在前面等我了。我想好了两条路，第一条路是留下孩子，让孩子陪我；第二条路要问你，我如果把孩子拿掉，你陪不陪我？"柳生犹豫了一下，脸上掠过一丝腼腆的微笑，"做老公不合适，我做你情人吧。"

空气一下子凝滞不动了。白小姐枕着桌子笑起来，太滑稽了，此刻，她才明白自己在柳生心目中已经如此低贱，原来，过去的阴影是无法掠去的。她发誓从此不见柳生，柳生知趣，也不敢再来敲她的门。关于柳生突如其来的婚讯，她也没有机会去核实，尊严禁止她去打探婚讯的真伪。

农历八月初八，柳生结婚，香椿树街的几户人家也办婚礼，有点儿竞赛的气氛。从早晨开始，就响起了惊天动地的鞭炮声。白小姐听到屋顶上砰的一响，有什么东西落在瓦上了。找了一圈，她发现除了红艳艳的礼炮渣，还有一只手电筒，静静地躺在天井的角落里。

是一只式样老旧的笨重的铁皮手电筒，筒身已经锈蚀发黑。她好奇，打开锈掉的盖子，一股臭味扑鼻而来，泥土里插着两根白骨，骨头上蠕动着一堆灰色的细小的虫子。这只奇怪的手电筒，来得太蹊跷。它应该是从屋顶掉进天井的，也许是随那个礼炮渣一起捅下来的。这么想着，白小姐用一块抹布包住手电筒，奋力往墙外一扔，接着河面上响起扑通一声，那只恶心的、古怪的手电筒沉到水里去了。

她疑心重，阴着脸去问马师母，有没有把一只手电筒扔到她的天井里来？马师母突然惊叫起来，“保润他爷爷找了十几年呀！他家没祖坟了，只剩下那两根尸骨，你扔的不是一只手电筒，是人家的祖宗啊！”读到这里，曾让祖父牵挂数年的神秘手电筒，在故事快要结束时，突然出现了。可惜事过境迁，物是人非，原本极度渴望、拼命寻找的东西，也许并没有那么坚定决绝的意义，是人们为它赋予过多的期盼而已。

临近正午，保润来敲门了。他穿着西装，打了领带，是准备喝喜酒的装扮。他想从白小姐的天井借个道，去河里打捞手电筒，但每一次都无功而返。他钻出水面，坐在石阶上休息，浑身湿漉漉的。大臂上的刺青在阳光下显得清晰起来，左臂和右臂各刺了两个字，左侧是君子，右侧是报仇。这是白小姐第一次看见保润的这一面，君子报仇，十年不晚。十年正好是现在，他要向谁报仇？突然的窒息感袭来，她感到双腿一阵发软。

出狱后的保润，让人有种不寒而栗的感觉。虽然看似温和，但他内心有颗复仇的不定时炸弹，像是随时要爆发一样。

大概是惦记着柳生的婚礼，保润说：“我不捞了，两点钟要帮柳生去接新娘。”

白小姐说：“你心情不好，去多喝几杯吧，一醉方休。”

保润突然回过头对她笑了笑，说：“我喝多少酒，你明天就会知道的。”

白小姐打了个寒战，这个瞬间，她又看见了保润 18 岁的眼睛。

香椿树街挤满了人，又有什么大事发生了。马师母说，闹出人命了！昨天夜里保润去闹柳生的洞房，喝多了酒，捅了柳生三刀，三刀！柳生的喜床上都是血！保润那颗复仇的炸弹，终于爆发了。他再次进了监狱，第一次是别人施加给他的冤案，第二次则是他自己的选择。

柳生一直在还债，在他认为已经还清债务的时候，保润给了他致命的三刀，命运给他的好处都是需要偿还的。那么白小姐呢？命运会安排她以何种方式偿还欠下的债呢？

她决心要远离此地，却发现走不掉了。柳生的母亲邵兰英披头散发地坐在她门口，“仙女，我后悔啊，早知道今天，当初我情愿让柳生去坐牢，还清你的债！仙女啊仙女，柳生死了，现在你满意了吗？”

白小姐一跺脚，尖声回答：“满意了！”她去意已定。陆路走不了，就走水路。蹚水是危险的，她淹死了，肚子里的孩子也就淹死了。她一咬牙从墙上跳了下去。她感到岸上的香椿树街在拒绝她，整个世界在拒绝她，只有河水要把她留下，她僵硬的手臂颓然垂下，膝盖一松，水下的青苔顺势把她送入了水中。她没有挣扎，没有抵抗河水的力量。她不知道溺水是这么美好的感觉，风推着她顺流而下。这条宽阔的自由之路，终于还是被堵住了。前面是善人桥，桥下在施工。白小姐依稀记得自己被几个民工抬上岸，她说：“是孩子不想死，我要早产了，麻烦你们把我送到妇产医院去。”

关于“红脸婴儿”的诞生，不少媒体都有报道。人们把红脸婴儿称为“耻婴”，羞耻的耻。这也许是香椿树街居民综合了对那个母亲的不良印象形成的偏见，他们认为，婴儿的红脸，是因为母亲的羞耻而生。

白小姐得了严重的产后抑郁症，拒绝哺育自己的孩子。她离开妇产医院到了井亭医院。于是，从前的仙女，又回到了水塔。到了会诊的日子，乔院长他们在诊疗室没等到白小姐，一群人去水塔找，却看见保润的祖父抱着孩子，端坐在水塔门口。祖父说白小姐去给孩子买奶粉了，拜托他抱一会儿的，可是抱了整整一上午，还不见她回来。人们猜到仙女走了。他们在水塔门口探讨着她的去向，有人乐观，有人悲观，也有人的兴趣集中在孩子身上。这个红脸婴儿，是本地生育史上的一个奇迹。祖父及时地拢紧了孩子的口罩，说白小姐关照的，她不在，孩子的口罩不能摘。乔院长他们注意到，孩子依偎在祖父的怀里，很安静，与传说的并不一样。

故事的最后，仙女还是离开了这个是非之地，婴儿则回到了安详的老人怀里。小说取名自“螳螂捕蝉，黄雀在后”，你认为整个故事中，谁是黄雀呢？是含冤入狱的懵懂少年保润，还是畏首畏尾的犯罪真凶柳生？或者是位卑心高的市井红颜白小姐？又或者是那张让三人都深陷入其中的，看不见的命运之网呢？

小说从最开始的“祖父丢魂、寻魂”，到后来在井亭医院懵懂过着失去记忆的晚年，构成了小说的暗线，即“丢魂—寻魂—活着”的过程。全书结尾以祖父抱着白小姐产下的婴儿作为终结，一切都结束了，最终留下一个苍老的生命和一个崭新的生命。这也意味着，让旧的道德留下，让新的生命发芽，香椿树街还会上演更多离奇又精彩的故事，让我们共同期待吧！

苏童：
《黄雀记》与我的香椿树街

在我很多年的写作过程中，都在营造一条“香椿树街”。我们这一代人，从小生长的街区逐渐消失、倒塌、颓废，所以我想通过创作小说造一条街，这条街是看世界的窗口，我希望它和世界一样辽阔、悠长、宽广，即使时代变迁，也永不消逝。

《黄雀记》这部小说就是这条街道的大工程，我为这条街道修建了一个广场，还有一座隐隐约约的庙堂，更多的居民停留在此，献上他们卑微的香火，以及卑微的祈愿。我借《黄雀记》探索香椿树街的魂灵。我希望它成为“香椿树街故事”的一个地标性建筑，所以它的故事，虽然切入点很小，但它的存在，使这条街道、街道上的青年人、老人、历史、时代这些种种的元素构建变得饱满、紧密。

《黄雀记》算是我长篇小说当中比较满意的一部作品，在风格上延续了香椿树街系列小人物、小地方的叙事风格和节奏，其独特之处在于故事发生的时间更逼近当下，书中融入了更多时代元素。写作结构上也使用解扣子式的方式，让故事在不断解构中发展。这就是我向大家推荐《黄雀记》的理由。

这本书的创作背景是一个真实的事件。很多年前我熟悉的一个邻居家的孩子，被卷入一桩群奸案。这个孩子作为主犯，被判了无期。关于这个事件的真相，女方那边有女方的说法，而另外几个当事的少年，每个家庭也都有各自的说法。这件事给我留下深刻的印象，所以 2011 年到 2013 年，我把这个故事写成了《黄雀记》。

《黄雀记》这本书分为三个部分：保润的春天、柳生的秋天和白小姐的夏天。这三个部分，构成一个环形的结构。每个部分分别以一个人物为叙事视角，让三个人物在环形的结构中，跟随着时代的更迭、时代的变化，完成各自的成长、变迁。随着这个环形走了一圈之后，十年过去了，这部小说当中的一些孩子——最初的几个少男少女已经变成了青年人，变成了社会人。

《黄雀记》是典型的“喜欢的人会特别喜欢，或者觉得好，不喜欢的人会特别不喜欢”的作品，因为这部小说有故事，但是这个故事又不是那么惊心动魄、一环扣一环。它随着时间和三个主要人物推进，而且有一个内在的情绪的推进。

同时，这本书有很多对照，比如小小的善良与小小的恶的对照、三个年轻人的青春和一个老人暮年的对照等。其中有一个对照是仙女的善良与欲望，关于仙女，大家也许会疑问“仙女这个人物是不是有点儿脸谱化？”或者觉得她很世俗。但是仙女身上残存的善良与正在野蛮生长的欲望，都与社会、时代整个大环境息息相关。从仙女到白小姐，是同一个人随时代分裂整合的形象。她的身上集合了人与社会的诸种矛盾，在创伤中成长，还未能遗忘创伤，未能解决矛盾，已经随波逐流，与现实握手言欢了。

其中一个细节体现在，我写了老家的河里有水鬼，水鬼来侵袭她，来破坏她的生活，所以她在后门口，河边的墙上挂满了所有她认为可以驱魔的东西。后来，仙女怀孕了，她住在保润家里。为什么我最后把她安排在保润家里？

因为保润家后面是一条脏河。河是一个隐喻，尽管它很脏，但她在很脏的河流当中洗涤自己的内心、命运和灵魂，这是她的宿命。

最后的结局我写得有点儿超现实，杀人案发生了，柳生妻子瑶瑶找她算账的时候，她不会游泳，只能选择从街上逃跑。但她在这条街上被围剿。这条香椿树街是保润的街，是柳生的街，而不是她的街。最后逃脱的时候，她在水上漂浮，你可以想象那个画面：她大着肚子，在水上漂浮，看着河岸两边的居民，甚至看到一家放在外面的一盆枯萎的菊花……这是仙女漂浮的结局，也是我自己很喜欢的一个场景。

仙女最后的结局是开放的，因为我不完全认为女性是个注定悲剧的性别，女性的生活也不是注定要悲剧的。当然，我也不会贸然告知我对女性总体的认知。在社会学的性别研究领域，一切都可以统计概括，而小说不同。我依赖小说观察女性，小说不研究整体，无论是男人还是女人，都应该是独一无二的，都要进行个别的一对一的认知。

在我的短篇小说《樱桃》里，我写了一个没有出路的女性形象。《樱桃》的构思来自我听到的一个鬼故事。一个位于市中心的鼓楼医院正对着车水马龙的街道，但医院后面的小街则非常僻静，因为医院的太平间在这条后街上。这条小街没有路人路过，只有一个邮递员因为要送信路过这里。每天他都能看到一个男人站在鼓楼医院的后门，要来和他说话。邮递员很忙，没有时间和他说话。有一次那个男人就抓住了邮递员，说："你能不能送我一个礼物？我在这个医院里待了很长时间，很可怜，也没人看我，你有什么东西就给我，随便任何东西。"结果那个邮递员被他说服了，把自己唯一的手绢给了那个男人。后来邮递员仍然天天从这条路上走，但发现男人不见了，消失了！他就去问后门传达室的人，"原来有一个男人老站在那里，还莫名其妙跟我要了礼物"。他一描述，传达室的老头说，这不可能，你描述的那个男人已经死了很多年了，没人认领他的尸体，在太平间里躺了很多年。那个邮递员一进太平间就看见那个男人，躺在那里，手里拿着他的手绢。

我觉得这是一个效果特别好的鬼故事，因为对方是个男人，你就觉得更怪异、恐怖，后来我把那个男人设计成了一个女孩在等来信，增加了凄美的气氛，从某种意义上也更合理。这样一个鬼故事变成了一个孤立无援的女孩子死亡以后的故事。我不太会想到用这个故事来讲述女性的悲剧命运，但是还是很习惯性地把人物调换成一个女孩子。这比鬼故事有了更丰富的意义，是写那种孤独，孤独到极致，无法自救，同时希望有人来救她的心理。她只不过是想要获得别人的一个礼物而已。

《樱桃》当中的女性形象与《黄雀记》里的仙女形象，是我写的完全不是一个时空的两个女性形象。但都是关于女性的命运。她们都是我对女性命运做出的我自己的一种思索。

关于这本书里的人物，我其实蛮喜欢柳生这个人物，想赎罪而不得赎、不得宽恕的这样一个人物，身上既有小市民的坏，也有小市民的善。他的命运其实是让人揪心的，他在少年时期的“暴力强奸事件”里逃脱掉，在他逃脱的很多年里，犯罪的阴影却一直存在，陪他度过了青春时期，一直到他“积累财富的时期”。我个人比较喜欢这个人物身上的复杂性。

《黄雀记》有两个版本，完整版本是二十三万字，还有一个是为了在《收获》发表而删减的十五六万字的版本。在我删减时，发现一个很有意思的事：所有我自己认为精彩的东西，其实是可以删的，删掉的内容不影响这个故事的发展、推进、人物的整体形象。但删完之后发现，删掉的为什么都是我很得意的东西呢？其实那都是小说当中的闲笔。但恰好是那些闲笔是我很满意的部分。比如有一处闲笔，小说第一章里，保润的祖父被送到了精神病院，家里房间空着，家里人要把这个晦气的房间拆了。我写房间里的家具，每一个榫头、每一个古老的床架子的木榫，都在抗议；我写房间里的灰尘，因为祖父房间不让人进，所以古老房间里有古老的灰尘、昆虫，还有一条家蛇的洞穴……小说当中充斥的这些看似无用的闲笔，其实是我自己很得意的部分，希望细心的读者能注意到。

《小王子》

狐狸说：“对我而言，你只不过是个小男孩，就像其他千万个小男孩一样。我不需要你，你也同样用不着我。对你来说，我也只不过是只狐狸，就跟其他千万只狐狸一样。然而，如果你驯养我。我们将会彼此需要，对我而言，你将是宇宙唯一的了，我对你来说，也是世界上唯一的了。”

导读：
一本足以让人永葆童心的不朽经典

圣埃克苏佩里的《小王子》是20世纪流传最广的故事，已被译成100多种语言，在全球拥有不计其数的读者。不仅如此，它还被拍成电影，搬上舞台，灌成唱片。

如此风靡全球的书籍，竟然是一本薄薄的童话书。然而，它又不仅仅是一本写给孩子们的童话，而是“献给孩子们以及做过孩子们的大人们”的书。

《小王子》有很多象征意义，用儿童的口吻折射成人世界。作者通过各种人物和意象勾勒出了值得我们深思的众生相，通过象征的手法暗示我们所谓“大人世界”中的纷繁复杂与各种悲哀。

作者通过天马行空的想象，虚构了一个感人至深而又发人深思的故事，富有诗意的表现手法，让我们在这个感人的故事中体会着情感的朦胧美和人物的神秘气息。

《小王子》这个故事，里面并没有离奇情节，也没有不可思议的人物，一切都是那么朴实无华。但是仔细品味，用心感受，会发现它能给我们许许多多感悟，关于世界，关于人生，关于现实。

在书的开篇，圣埃克苏佩里讲述了这样一个故事：

六岁时，主人公在一本书上看到一幅“蟒蛇吞野兽”的壮丽图画，于是他用彩色笔画出了人生中的第一幅作品——一条正在消化大象的蟒蛇。当他把画拿给大人看，还问他们怕不怕时，他们却说：“一顶帽子有什么可怕的？”

主人公长大后，每当遇到一个“看起来头脑略微清醒”的大人，他就会用自己的第一幅画来考验这个人。

然而，每次他们的回答都是：“这是一顶帽子。”于是，主人公就会知道，跟这个人只能谈桥牌、高尔夫球、政治和领带，而不能谈蟒蛇、原始森林和星星。

作者在书的开篇献词中将它献给了一个大人，不仅仅因为这个大人是他最好的朋友，更是因为这个大人仍保有童心。

我们曾是纯真善良、不谙世事的孩子，却被时间的大手推入了成长的洪流，一点一点被现实磨去了棱角，磨掉了纯真，长成了一个世故、老练、不动声色的大人。

都说“不忘初心，方得始终”，所谓的“初心”，其实就是我们的童心啊。

像孩子一样，对这个世界一直充满好奇和新鲜感，以喜好而不是价值来衡量世界，这才是我们的初心。

“看东西只有用心才能看得清楚。重要的东西是用眼睛看不见的。”

接下来，让我们一起看看小王子的出场吧：

六年前，因为一次发动机的故障，独自飞行的主人公降落在了撒哈拉沙漠，在沙漠里的第一夜，他遇到了小王子。

那时，天刚蒙蒙亮，一个奇怪的小声音把主人公唤醒，要求他画一只绵羊。

小王子的故事就从这里开始。从小王子不经意的话中，主人公终于弄明白了他的来历。

原来，小王子来自遥远的另一颗星球。那颗星球只有一丁点儿大，或许比一幢房子大不了多少。那颗星球叫作小行星 B612 号。

有一次小王子问主人公，绵羊会吃花吗？带刺的花也吃吗？主人公回答是的。

他又问：“那刺长出来是干什么用的？”当时正忙于修理发动机的主人公心烦意乱地回答说：“那是花的坏心眼。”

没想到这个答案激怒了小王子，他带点怨恨地说：“花是娇弱的！她们天真，尽量给自己壮胆。她们长了刺以为可以把人家唬住。”

小王子还要说什么，却被主人公不耐烦地打断了，“我要忙我的正经事！”

大人们总是在忙碌着，忙着高效，忙着成功，忙着关注那一个个数字，以为那就是生活。但在小王子看来，一个从来没有用心去闻一朵花的人，不是个人，而是个蘑菇！

对小王子而言，那朵花才是最重要的。“要是有个人爱上了亿万颗星星中仅有的一朵花，他望望星空就觉得幸福”，“但是若羊把花吃了，对他来说，所有的星星都像忽地熄灭了。”

接下来，我们来听听小王子和玫瑰的故事：

在小王子的星球上，不知道哪一天，一颗种子掉落在这里，开始孕育花朵。这是一朵娇艳动人的玫瑰花，骄傲、虚荣、多疑、爱面子。可有时候花招太多，使得小王子对玫瑰产生了怀疑。

于是小王子决定离开，离开自己的星球后，小王子依次到过六个星球。在到达地球之前，小王子遇见了迷恋权力的国王、贪慕虚荣的人、麻痹苟且的酒鬼、沉醉财富的商人，他觉得这些大人都太奇怪了，为了追逐权力、虚荣、财富，不惜错过那些原本该珍惜的情感和该享受的美好，他也无法理解那些逃避现实、沉迷于虚幻的人。

王子游历过的这些星球，都只住了一个人。也可以说，他遇到的每个人都是一个世界。如同我们每个人，都自成一体。

在自我世界里，你是国王，还是酒鬼？你是爱慕虚荣，还是贪恋财富？

又或者，你是在固执地坚持着早已不符合现实的规则，还是将道听途说当作真理来信奉?

遇见的这些大人中，没有一个让小王子愿意停留。他所不能理解的，正是大人们内心最庸俗、最盲目、最愚昧、最空虚、最孤独的部分，也正是这部分，使大人们丢掉了曾经身为孩子的纯真。

最后，小王子决定去访问地球。

小王子降落到地球上后，看不到一个人影。他非常惊讶，担心自己是否走错了星球。这时，他遇到了一条蛇。蛇告诉他，他确实是在地球上，只不过落在了远离人烟的沙漠中。

来到地球的第一天，小王子想家了。他告诉蛇，自己是和玫瑰花闹了别扭才跑出来的。

蛇告诉小王子："我碰上谁，就可以把谁打发到来的路上去……有一天你实在想念自己的星球，我可以帮助你。"

蛇的出现其实在某种意义上是弥补了小王子的认知空白，并且指引着小王子一步一步地前进，一直到最后的回归。所以，此处的"蛇"并不是简单的"预言者"，更有一个"引导者"的形象。

小王子经过长途跋涉，来到了一座盛开的玫瑰园。他惊讶地发现，院里的每一朵玫瑰花都跟他的那朵玫瑰花非常相似。他的花对他说过，宇宙中仅有她一朵。然而，仅仅在这座花园里就有五千多朵，朵朵相像。

他以为自己所拥有的玫瑰和火山都是独一无二的，但他却在地球上遇到了更多的玫瑰和更高的山峰。

原来，他为之骄傲的一切不过是最为平凡的东西。或许，这就是成长的代价吧。当你开始为曾经拥有的一切感到失望时，也就是你长成大人的时刻。

这时，一只漂亮的狐狸出现了。小王子请求狐狸跟他玩，但狐狸拒绝了，因为它"没经过驯养"。

小王子问："'驯养'是什么意思？"

狐狸告诉小王子："驯养就是建立感情联系。"

之后，小王子在狐狸的指导下开始驯养他。一开始，他不可以离狐狸太近，也不需要说太多话，随后可以一天比一天坐得更靠近一点。

狐狸告诉小王子，最好每天在同一时间来。因为，"仪式"非常重要。就这样，小王子驯养了狐狸。然而，离别的时刻很快就要到来。

临别前，狐狸告诉小王子："用心去看才看得清楚。本质的东西，眼睛是看不见的。"这是狐狸赠送给小王子的礼物。

遇见狐狸后，小王子才开始了成长。狐狸使小王子明白了什么是"爱"和"责任"。

"爱"是被需要，是一种双向的稳定的情感关系，需要人们投入时间和感情来培养。

这些故事，都是小王子在沙漠里遇见主人公之后回忆的。而此时，主人公已在沙漠中待了八天，耗尽了最后一滴水。

他不得不和小王子一起去寻找水源。从天黑到黎明，他们找到了一口水井。

小王子告诉主人公，明天是他来到地球一周年的日子，当初他来到地球时就落在这附近。主人公忽然明白了，他和小王子的相遇不是偶然，而是因为小王子在寻找他降落的地点。

这天夜里，小王子就要离开，他不允许主人公去送别，但主人公还是去了。

"我没法带这个躯体走。这太沉了。"小王子说，"像蜕下一层旧的外壳。蜕皮，没什么好伤心的。"

如同佛教的禅机谶语，小王子道出了死亡的秘密。

我们的身体只是一个容器，重要的是容器里盛放的灵魂。然而，大多数人庸庸碌碌一辈子，在意的是这个容器，费尽心思将它装点得光鲜亮丽，内里却早已枯朽如老树。

人们害怕衰老，恐惧死亡，眷恋着这个躯体，而忽视了真正重要的东西。真正重要的，是眼睛看不见的东西，需要用心去看。

小王子的故事就这样结束了。

不知道小王子的玫瑰花是否还那样娇艳美丽、任性多疑？不知道他们之间的误会消除了吗？

我想，他们一定过着幸福快乐的生活，因为小王子已经学会了如何去爱人和被爱。

他会给玫瑰花讲述他在旅途中发生的故事，但不会告诉他自己曾遇到过与她相似的五千朵玫瑰花；每天他都会坐在她身边，陪她欣赏四十三次日落；玫瑰花或许仍然敏感而好面子，但小王子已经明白了她的心意，学会用心去读她，而不是从言语去判断……

太阳会在每个清晨照常升起，星星会在每个夜晚闪烁，花儿会在每个春天开放，而水井会在每个旅人到访时歌唱。这个世界美好如初，但忙碌的大人们始终看不到。

人生如同一场漫长的旅途，有的人在上路不久就遇到了自己的玫瑰，有的人选择留在狐狸身边，他们都找到了自己生命的意义，过着幸福而有意义的生活。

阿来：
在复杂的世界里简单一点

有统计说，《小王子》这本书，是单本发行量最大的书。很多人想不通，这么简单的一本书，字数也少，故事也简单，发行量怎么会这么多?

小王子住在一个只比他大一点儿的小行星上，陪伴他的只有一朵他非常喜爱的玫瑰花。但玫瑰花的虚荣伤害了小王子对她的感情，小王子因此告别小行星，开始了遨游太空的旅行。

他先后访问了六个行星。有一个星球上，住着一个无休无止的点灯人，因为他住的那个星球太小了。灯一灭，天就黑了，需要他无休止地把灯点上。还有一个星球上，住着一辈子想发财的人，永远在那儿数他的钞票。有一个权力欲望非常强的人，每天都在幻想自己是那个星球上的霸主，因为他住着的星球上只有他一个人。

在地理学家的指点下，孤单的小王子来到人类居住的地球。他降落在撒哈拉沙漠，遇到一条蛇，故事就这么展开了。

《小王子》的文笔干净、透明，带着孩子气的天真。读这些语言的时候，耳朵边就好像会听到风铃那种“叮叮当当”，清澈的声音，这也是我这几年来不止一次重读这本书的原因。

这个世界太复杂，有时候我们需要简单一点、干净一点、明亮一点。这个时候，重读这本书是很有意义的。

书中所写的商人，有权力的人，在我们现实生活中都能找到影子。又比点灯的人，他需要用无休无止简单的劳动来维持自己的生计，这在我们的生活中也是有象征意义的。

我们会认为简单的文字，应该是由一个非常简单的人写的。但《小王子》的作者的经历非常复杂。圣埃克苏佩里出生在一个家境比较好的家庭，受过良好的教育。在飞机还没有普及的年代，他叔叔就曾经把他带上过天空。他描述过第一次乘飞机上天的感觉，他说，这个时候人好像就变成上帝了。过去我们是站在地面上，想看得远一点，只能爬到小山上，爬到树上，爬到楼顶上，而那时候的楼也就几层高。我们最多看到几千米远的地方。但是一到天上，就好像是在用上帝的视角看大地河流山川，世界一下开阔了。

因此，圣埃克苏佩里爱上了飞行，他成了全世界第一批做商业飞行的飞行员。20 世纪 30 年代的商业飞行是不载客的。

人们希望信息传递快。一封信，一份礼物，希望它快一点儿到达别人手里，靠什么？那个时候靠邮政。最早的商用飞行，就是用来送信的。

圣埃克苏佩里生活的时代，通往全世界的航线还没有完全打通。这些飞行员是一边飞行一边自己探寻航线，他们其实就是一群飞行探险家。很多航线都是他们开辟的，比如圣埃克苏佩里参加过到南美的航线，从法国巴黎飞到布宜诺斯艾利斯，那时候飞机沿途要不断地加油，不断地降落。并且那时飞机飞不高，要飞到南美有些地方，必须得越过四五千米的安第斯山。

要越过这座山，从上面是翻不过的，圣埃克苏佩里必须找山谷谷口。有一次遇到大雾，圣埃克苏佩里和他同伴的飞机就撞到了山上。

男人之间，共同冒险、共同开创事业，就会结成一种男人之间的友谊模式。比如在古代的探险和战争中，有很多描写男人间友谊的文学作品。

现在这个社会和平了，我们要写人与人之间的感情，就一定是写男女。

有一次，一个英国人用一种很惊讶的语气对我说，英国的诗人，比如拜伦、雪莱、华兹华斯，他们歌颂的爱都是男女之爱，或是对上帝之爱。但是他翻遍唐诗，都很少说到男女之爱。如果友情是男人之间的友情，其实因为背后是另一种社会形态。

当圣埃克苏佩里和他同伴坐的飞机撞山的时候，他的同伴遇难了。他经过九死一生，爬行很多天，终于捡回了一条命。他和牺牲的同伴结下的也是男人间的深刻友谊。

圣埃克苏佩里最初开始写作，就是为了纪念他与这位已去世的同伴的友谊。

为了纪念牺牲的朋友，描述艰险的飞行，圣埃克苏佩里写了他的第一部长篇小说《夜航》。这可以说是一部探险小说，写的是飞行探险的过程。写到这部小说的结局，作者都不忍心说自己的朋友是撞在山崖上死掉的。于是他把这个结局改写，飞机是栽到海里的。为什么要栽到海里呢？因为这样，他的朋友与飞机一起长眠的时候，他的身体至少是完整的。

结果小说一出版，就引起了轰动。那时候飞行是很时髦的，而探险又一直是文学当中非常重要的题材。加上这本书是在作者亲身经历后写出来的，所以这本书一出来就非常畅销。今天我们也看到过很多轰动的畅销书，但是当时《夜航》的畅销程度，是我们无法想象的。

当时法国文坛的掌门人叫纪德，代表作有过《背德者》《窄门》，是当时最优秀的小说家。他主动给这部小说写评论，以此肯定圣埃克苏佩里在文学上取得的成就，使得圣埃克苏佩里一下就变得非常有名。但他成名以后，仍在继续飞行，同时，还在继续写书。

他写的第二本书带着哲理性的思考，像一部思想性的随笔。当他飞到天上，像上帝一样从上往下俯瞰世界时，视野就变得很宽广了。从上往下看，看到自己飞行过的大海、荒漠、田园、河流、高山，以及各种各样的地理地貌，他的内心充满了感动。于是他将这些感受集合起来，最后出版了《人类的大地》。这本书出版后也很轰动。

当然除了书写，他并没有忘记飞行，他在飞行上的探险还没有停止。

有一次，他飞在撒哈拉沙漠里头，就同《小王子》这本书开始所写的一样，他真的栽在了沙漠里。他一个人在沙漠中走了好多天，只靠一壶水。他往埃及方向走，大概走了一个星期，九死一生。这一次的经历给他留下了一个很好的素材。

再接下来第二次世界大战爆发，法国战败，法国政府投降了，他不愿意留在法国，于是就流亡到美国，在纽约下船了。

在纽约，既没人知道他是一位名作家，也没人知道他是一位有名的飞行员。他陷入孤立无援的困境，住在简陋、又冷又湿的小公寓，过着流亡的生活，身体上的伤痛加上亡国之痛，使他的处境非常凄惨。就是在这样的环境下，在这种极度的孤独当中，他写下了《小王子》。这本书里有一段他自己的经历，就是书的开始部分，直接就是用他自己的口吻写的：我的飞机落在了撒哈拉沙漠里，然后我就躲在飞机翅膀底下睡觉，突然早上有个小人儿叫我。这个小人儿跟我提出了一个要求，说，你能给我画只羊吗？画了一只，他说，这只羊太大了，我那个地方装不下；然后再画一只，他说，这只羊有点儿病恹恹的，不好；最后画了一只小羊，说行。

《小王子》这本书写得最好的就是，孤独中的忧伤，然后通过这种忧伤来看世间种种，看出人的荒谬和可悲。

我们经常说文如其人，《夜航》《人类的大地》这样复杂的作品才是文如其人，《小王子》这本书恰好是他生活的一个巨大反差。

这本书非常干净。读这种书有点儿像读《圣经》，而且比《圣经》还干净，比诗歌还轻盈。

而且故事还没完。

圣埃克苏佩里写完这本书以后，美军开始参加第二次世界大战，他也要求参战。结果在检查身体的时候，发现他身体状况已经非常糟糕了。因为他过去负过很多伤，被判定不能再开战斗机，只能开侦察机。因为侦察机飞得很高，炮火很难打到，此外不管遇到什么事也可以跑得快。他不断飞到德国上空去照相，将照片拿回来洗印，再发给那些轰炸机飞行员。

即便开侦察机，也因为他的身体情况差，只能飞五六次。但每当飞完最后一次，他都会去找长官，要求再飞一次，这样又飞了两三次。1944 年，他在最后一次飞行中消失，再也没有回来。他的死成了一个谜团，就好像他忽然在空中消失了。

欧洲的每一场战争都有比较详细的记录。但是唯独这一次，他们在任何地方都查不到侦察机被击落的记录，而且据说那一天整个欧洲很奇怪，没有发生一次空战，也没有发现一个坠落的人，这个人好像凭空消失了。

据说在完成最后飞行的那天晚上，他没睡觉，军营里的被子都没有铺开，叠得整整齐齐。他到旁边小镇上的酒馆里喝了一晚上酒，然后上飞机，飞上蓝天，就没有再回来。

所以今天他的死或者是他的消失都还是一个谜团。但这个谜团的时间越久，就越有动人心弦的力量。和《小王子》这本书一起，成为一个伟大的传奇。

《寂静的春天》

不要因为没有阳光，而走不进春天；不要因为没有雨露，而忘记了自己成长；不要因为没有歌声，而放弃了自己的追求；不要因为没有掌声，而丢掉了自己的理想；不要因为没有爱情，而牺牲了自己的幸福。

导读：
自然不只需要热爱，还需要敬畏

《寂静的春天》被称为是现代环保事业的开端，与《瓦尔登湖》《沙乡年鉴》合称为“自然文学三部曲”。在它出版之前，政府的公共政策里几乎没有出现过“环境”这样的词汇，也没有人关注到环境的变化对人体健康造成的危害。《寂静的春天》的出版极大地改变了这样的情况，推动着人们对自身与自然的关系进行反思。

这本书的作者蕾切尔·卡逊出生于美国宾夕法尼亚州，1932年在霍普金斯大学获得动物学硕士学位，1951年出版了《我们周围的海洋》，连续68周荣登《纽约时报》最畅销书籍榜。1955年，她的第三部作品《海洋的边缘》被改编成纪录片，获得奥斯卡奖。1962年正式出版的《寂静的春天》则是卡逊的代表作。

“寂静的春天”这个书名，源于这样一个问题：为什么春天不再有鸟鸣和虫吟，变得无比寂静？经过卡逊的思考和研究，她指出，正是农药的大规模使用杀死了报春的虫鸟，使无数的城镇失去了春天的声音。

在本书的开篇，作者为我们勾勒了一片极其美丽的乡村风光。

“这是美国的一个小镇。四周是如棋盘一样整齐分布的农场，山坡上是成片的果树，春天的时候就是一片花的海洋。秋天，橡树、枫树和白桦树色彩斑斓，透过松林的绿色屏障，如火焰般跳跃着。

“然而不知道从什么时候开始，一种奇怪的力量悄悄地改变了这个小镇。鸡鸭和牛羊感染了神秘的疾病，死亡的阴影开始笼罩在每一个角落。人们开始患上医生从未见过的怪病，大人和孩子都毫无来由地死去。”

从什么时候起，清新明媚的春光笼罩在雾霾和沙尘暴的阴影之中，变得一片寂静，死气沉沉？在城市化高速发展的今天，生活在城市里的我们，已经离那种喧闹的春天越来越远。

屋檐下的水槽里，屋顶上的瓦板间，仍能看到一片片的白色颗粒状粉末。几个星期以前，这种粉末随着飞机的飞过，像雪花一样落在屋顶、草地、田野和溪流。这些被政府和专家宣称为对人和牲畜无害的杀虫剂最终让春天死在了小镇上。

在卡逊的调查中，这样的小镇比比皆是：从加利福尼亚的图利湖与南克拉玛斯湖国家野生动物保护区，到伊利诺伊的谢尔顿市和易洛魁县；从密歇根州的东兰辛市到俄亥俄州的托莱多市，几乎整个国家都笼罩在杀虫剂无形的阴影之下。

面对着充斥着未知化学品的世界，“人们甚至不认识自己创造的恶魔”。谁也不知道这个小镇是不是就是我们明天的寓言，谁也不知道想象中的悲剧什么时候会变成我们终将面对的严峻现实。

“谁会愿意活在一个仅让你只能算得上是活着的世界？”生活在后工业时代的人们所面对的正是这样一个世界。当人们认为化学科技的发展必然带来生活水平的提高，并将之视为社会进步的标志时，曾经的伊甸园在我们身后悄然关闭了大门。

在50多年后的今天，虽然农药滥用不再像卡逊笔下那样触目惊心，环保的意识也早已深入人心，但我们仍然面临着各种各样的环境问题：生物多样性的减少、水土流失、土地荒漠化、水和空气污染、全球气候变暖……

这些环境问题，正是这一两个世纪以来社会的发展和经济的进步留给人们的恶果。然而直到今天，这些问题也没有得到很好的解决，反而在一些地方愈演愈烈。也因此，《寂静的春天》直到现在都具有强烈的现实意义。

卡逊在第一章“明天的寓言”中所描绘的那种死寂的城镇和春天，对于现在的我们来说，依旧是一个并不遥远的寓言，它随时都可能发生。保护环境、学会与自然和谐相处，依旧是将来很长一段时间我们要学习的课题。

在美国，每年会有500种新的物质投入使用。这个数字令人惊愕，其后果却不易为人理解——人类与其他动物每年需要适应500种物质，远远超出了生物进化的极限。

这些物质曾经是第二次世界大战中科学家们为了发动化学战争而进行研制的“秘密武器”，在和平年代却被用于人与自然的战争。现在它们被普遍地运用于农田、花园、森林以及人们的院子，不加选择地杀死昆虫、野草、鸟类、鱼类和哺乳动物。

然而更加可怕的是，当人们渐渐开始意识到他们每天使用的除草剂、政府在森林和河流喷洒的杀虫剂会给自己和家人的健康带来危害，并因此而进行抗议的时候，专家们就会把含着半真半假事实的镇定药片给他们服下。

“忍受的义务给予我们了解真相的权利。”这不仅仅是对于生态环境与人们自身的健康而言的，更是针对整个政治体制的运作而言的。

卡逊在书中质问：政府有什么权力一面使用纳税人的钱，一面将他们暴露在极其危险的环境之中，同时没有解决任何问题？

当人们以为自己掌握了科技的力量，并可以借此窥见天机的时候，自然也给了人类以沉重的警告：他们想要消灭的昆虫很快获得了抗药性，在没有天敌制约的环境下迅速繁衍扩大，而人自身却因为化学物质患上各种各样的疾病。

也因此，人们的生活中出现了大量未曾见过的化学术语。这些化学品的相互作用也可能在人体内完成。就像在最开始投入使用的马拉硫磷被认为是安全的，但几年后发现，这种“安全”是由于肝脏中的一种酶刚好能够解马拉硫磷的毒，而如果这种酶被其他的有机磷酸酯破坏，马拉硫磷的毒性就凸显出来了。

这些对昆虫有毒的物质，对人类绝非无害。残留在环境中的各种有机农药有多种进入人体的方式：通过餐桌上的蔬果和鱼肉、饮用水、皮肤接触、呼吸……

它们不仅影响人的神经系统，出现刺痛、灼烧、瘙痒、颤抖，甚至抽搐等症状，还会直接影响细胞中的氧化反应——而我们知道，只有通过氧化反应，动物细胞才能把食物中的有机物转化为源源不断的能量。

随着科技的进步，我们开始接触到大量未曾见过的术语。这些术语是一种强力却不为人所了解的工具，即使是在半个世纪后的今天，我们对于专家，对于各种或真或假的科技发明与专业术语有一种崇拜。比起传统的真相，人们似乎更愿意相信被各种权威与术语包装起来的谎言。

当人类以自然的工程师自诩，他们设计出来的蓝图却不符合自然本来的规律，于是他们觉得能够凭借一己之力改变那些运行了上万年的规律。自然界孕育了万千物种，人类却热衷将其简化，给它们粗暴地贴上标签：有益的、有害的、有用的、无用的。

如果我们将人类的发展过程比作一个孩子的成长过程的话，就很容易理解为什么人类成长的历史是一个不断探险与试错的过程。在卡逊所处的那样一个妄图主宰自然的年代，人类就像处在叛逆期的孩子，对自己的力量刚刚有所认识，就迫不及待地以种种幼稚的行动宣示着对世界的主权。

当人类以主宰的身份将自己孤立于自然之外，对于其他的生命采取一种不屑与漠视的态度也就变得理所应当。当人类的活动以征服自然为目标时，屠杀也就不再受道德的谴责。

不管是发生在动物世界还是人类自身，已经有足够的悲剧来警醒人们。卡逊指出，在现代社会昆虫防治计划的设计过程中忽略了两个关键的事实。其一是真正有效的昆虫防治来自自然环境的制约，而不是人类；其二是，一旦这种制约遭到破坏，某个物种会以爆炸性的方式迅猛繁殖。

本书中列举了大量生物防控的成功案例：用甲壳虫控制对牲畜有毒的克拉玛斯草；用乳白病芽孢和细腰黄蜂控制日本甲虫；用澳大利亚瓢虫控制介壳虫；用寄生虫控制玉米螟……

所谓“一物降一物”，在自然神奇的进化过程中，这些昆虫的天敌或者昆虫病原体只会影响一小部分，甚至只有一种昆虫，在经过研究后的精准投放相比于化学防治，可以节省很大一笔开支。

各种物种之间相互制约的自然平衡对于我们是最有利的，而事实上很少有人知道扰乱了昆虫之间的种群动态会带来怎样的后果。因为多数情况下，在人们想控制的昆虫的天敌消失之前，人们很少知道它们在生态系统中的作用。

随着农药的大规模喷洒，潘多拉的魔盒在悄无声息地打开。

在一次喷药之后，一个地区的生态平衡完全被打破。如果某一物种对这一次的喷药免疫，那么在喷药之后就会呈现爆发性的增长，形成新的虫害。这是因为农药同时杀死了它们的天敌——吃虫的鸟儿和小型哺乳动物。而比起繁殖能力极强的昆虫，这些动物种群的恢复速度要慢得多。

大约在 DDT（有机氯类杀虫剂）被广泛运用于农业六年之后，首例抗药性昆虫出现在美国。就在卡逊写作《寂静的春天》时，所有苹果种植区的卷叶蛾都已具备抗药性。危害卷心菜、马铃薯、棉花等作物的昆虫也都可以无视农夫们喷洒的农药了。

昆虫再一次证明，暴力手段绝非对待自然的有效方法。不管生产新式杀虫剂和研发新型使用方法的速度有多快，昆虫总是略胜一筹。

这是因为抗药性，或者说优胜劣汰，是在种群内经过代际传递而获得的能力——能在药物攻击下存活下来的个体繁衍后代，几代以后整个种群都具有了抗药的基因——而昆虫往往比高等动物的繁衍速度要快百倍。

作为生物学家的卡逊并不是一个反智主义者。她以生物学家的严谨，提出了解决方法：局部喷药，在严格控制喷药规模和浓度的同时，加大对生物防治的投入力度，将对各个地区生态系统的影响降到最低，并且可以适当辅以基因工程的一些方法。

很明显，卡逊认为人类可以通过自己的智慧与对科技的掌握，将自然的平衡向对人类有利的、我们所期望的方向引导。但引导仅仅只是引导，也就是说人们可以巧妙地利用自然之间的制衡，而不是非要将一切都毁灭殆尽。

“大道无形，大音希声”，人类智慧的显现并不在于知道自己的能力，而在于明白自己的无知；并不在于显示自己的强权，而在于掌握和利用规律。在比个人命运更加莫测的宇宙面前，“回到自然”并不是简单的对一切现代科技手段的怀疑和鄙弃，而是利用这些手段与万物共生。

但直到今天，还有许多人不懂得维持生态的平衡与稳定是一种智慧。人们往往只能看到眼前的利益，盲目的挖山开矿、乱砍滥伐导致的水土流失，扩大耕地导致的土地荒漠化，贩卖珍稀野生动植物制品……这样的事情依旧十分常见。

在后工业时代开启之前，人们力图用工业的、纯粹科技理性的方法改造这个世界，使之在最大限度上符合自身的利益。世界在某种程度上被“净化”了，人们正在消灭一切自己不想要的东西。

正如卡逊在《寂静的春天》中描述过的一样：用化学的方法强行改变生态结构，打破生态平衡，以机械化的方式大片种植单一的作物以期获得最大的经济效益。这与中国曾经提出的“与天斗、与地斗”的口号颇为相似。当然，失败的结果也颇为相似。

在这种自然伦理的指导之下，偏激的人主张杀死一切与经济和其他功利目的不相关的动物和植物，将人类生活的环境变成工业化的、统一的、灰色的、枯萎的世界。这是人类战胜自然的标志。

直到《寂静的春天》的出版，那些长期关注生态平衡，以及食品安全的生物学家们，那些开始反思化学药品滥用，以及政府在这种滥用中不作为的普通人，他们努力发出的声音终于被大众所关注。

卡逊发出的理性声音引起了越来越多的思考，在《寂静的春天》正式出版后十年，美国政府开始禁止 DDT 的生产和使用。尽管在这之后多有波折，但越来越多的人在这本书的号召下开始关注并投入环保运动。

“征服自然”的理念大约始于茹毛饮血的洪荒年代，而工业革命与科学进步则为实现这种原始的想法提供了技术的支持，使得人类从莎士比亚时代的“宇宙的精髓，万物的灵长”变成了万物的中心与主宰。

某种程度上而言，科学史就是人类对自然的统治史，这种统治在卡逊生活的年代达到顶峰。《寂静的春天》无疑是对这种陈腐观念的一次挑战，卡逊开始质疑人类的绝对正确性与绝对中心地位。

“作为一名科学家与理想主义者，卡逊是孤独的。”美国前副总统戈尔这样评价她。在写作《寂静的春天》时，她因乳腺癌而接受着放射治疗，并忍受着乳房切除的痛苦。书出版后，所有的指责与非议都朝向她，又带给她无形的压力。

两年后，卡逊心力交瘁，与世长辞。后续的研究证明，乳腺癌或许与接触有毒的化学品有关。卡逊以自己的生命为她的著作做了注脚，她也是在为自己的生命写作。

但正如卡逊所预料的那样，她在书中呼吁的保护措施，在杀虫工业中强硬派的努力下被推迟。杀虫剂的经济效应与其毒性同时被考虑，从而模糊了本应严格的安全标准。

更确切地说，直到今天，一些发达国家将自身的污染性转移到发展中国家，依旧罔顾卡逊在《寂静的春天》中告诫过人们的话，环境有其自身精密的整体性，污染最终仍旧会向全世界扩散。“科学规律的作用不受政治边界的限制。”

人类不断向外部世界探索的过程，其实也就是对自己的不断认知的过程。而不管是哪一个过程，都是复杂而艰难的，需要我们每一个人的努力。

阿来：
人类保护自然，是为了保护自己

中国有很多文学类型，比如武侠小说、言情小说、玄幻小说等，但我们一直缺少另一种文学类型，这种文学在美国叫“自然文学”——反映人类对于大自然的观察，在观察的基础上建立对大自然的理解与尊重，因而化育出环境保护的观念与行动。

环境保护问题一直都是美国自然主义文学的重要内容，出现过利奥波德和约翰·缪尔这样的杰出作家，用自己的作品宣扬环保主义观念，用自己的实践倡导环境保护运动。女性作家蕾切尔·卡逊也是这样一个人物。

卡逊的《寂静的春天》很早就被引进中国，现在我手中的这一本应该是20世纪80年代的版本或者是20世纪90年代初的版本，但是这样的书对于中国读者好像没有什么影响。

今天的中国，某些地区面临着自然环境不断被破坏，生态问题日益严重的局面，我们自己身处的环境也越来越糟糕。如果树少一点，花少一点，大家勉强可以忍受，但是如果已经到了没有干净的水喝，没有干净的空气呼吸的程度，大家还在心安理得地忍受，并且不准备做一些改变，我认为有点儿匪夷所思。

我很早就开始读美国自然文学的书，因为我喜欢他们与自然相处的友好态度。我读的最早的一本就是卡逊的《寂静的春天》。

其实《寂静的春天》，不应该称为寂静的春天，因为在中文里，寂静这个词蕴含比较美好的意义。如果按照意义来译，我觉得它应该叫“死寂的春天”更合适。

蕾切尔·卡逊是个科学家，不是一个文学家。

我们知道，每当春天来临时，万物就会萌发，百鸟会歌唱。因为鸟要繁殖，鸟的异性之间要互相吸引，需要靠叫声来完成。春天来了，天气转好，它们也会感到兴奋，所以春天的鸟叫会比其他季节要多得多。

可是在一个又一个春天，卡逊发现鸟的叫声越来越少了，她开始追踪观察。鸟的叫声少了意味着鸟少了。那么鸟的数量减少就意味着一定是自然界中已经发生了什么不好的事情。这些精灵一样的生命突然在原野中、森林中、河岸中、田野中消失不见了。这引起了她的关注与思考。

这时候，她开始做科学调查工作，后来发现鸟类减少的原因是人类大量使用农药。鸟的主要食物是昆虫，而农药的主要功能就是把昆虫杀死以保护农作物，道理也很正当。但鸟吃下这些被毒死的昆虫后，自己也死掉了。

当她发现了这个问题以后，提出了观点：农药与化肥，对我们提高农作物的产量是有帮助，但是我们必须认识到，地球不是只给人类居住的，地球也是给其他生命生存的。其他生命和我们一样平等。基督教是这么看的，佛教也是这么看，佛教说众生平等，不只是讲人跟人——穷人跟富人，高智商的人跟低智商的人，有权的人跟没权的人都是平等的。

其实佛教里说的“众生”，说人也好，一株草也好，一只虫也好，大家都是平等的生命，佛经《妙法莲华经》里就说，地上的生命“一云所雨，一雨所孕”。就是说一朵云下下来的雨滋润的这些生命，不管是这个雨落在人的身上还是落在一株草的身上，都体现了上天的意志，使万物成长。所以说只要这个雨水落到的地方，所滋润的生命就没有高下，没有贵贱。在佛的眼里都是平等的，这才是真正的众生平等，而不只是我们今天讲的人与人的平等。

用宗教眼光是这样看，那么用科学的眼光来看呢？人是从整个自然界里逐渐进化出来的，从低级的生命到高级的生命，其实所有生物都是生命进化过程当中的一个阶段，因此我们有什么理由去轻忽它们呢？这是第一。

第二，如果世界上的花草树木都灭绝了，动物都灭绝了，人也没有办法生存。树都灭绝了，没有植物制造氧气，水也消失了，那人跟生活在火星上一样，有什么区别？

党的十九大报告说的命运共同体，生命共同体，也刚好契合了这个观点。美国自然主义文学流派的利奥波德也曾提出过，我们都是命运共同体，一损俱损，一荣俱荣。

农药是科学发明的，古代并没有农药。人类有了农药以后，大量地杀死昆虫，昆虫死亡以后，鸟去吃中毒的昆虫，鸟再死亡，而这只是解决了农田的一部分灾害。卡逊是个化学家，她通过进一步调查发现，农药不光杀死虫子、毒死鸟，还会污染土地、污染水。

当今，中国的某些土地污染物超标，再加上水质污染，从这种土壤和水里长出来的粮食，都是不健康的。但是很少有人去关注与书写这个问题。

卡逊的这本书写于1962年，她写这本书时是需要勇气的。因为她写这本书侵犯了很多利益集团。比如大农场主。你反对农药，农场主不干了，因为他们不可以再用农药杀虫了。美国的农场都是巨大的农场，一户人家就能种几千亩上万亩的地。对于他们来说，不用农药以后，庄稼都被害虫吃光了，他们的经济损失是巨大的。

更重要的是当时的科技公司，生产农药的公司，发明农药的研究机构，都面临着巨大的经济风险。相对卡逊来讲，这些机构权力很大，会运作舆论，通过种种手段封杀她。她当时受到了非常大的压力。但这个时候，她坚持了自己的良知，写出了这一本书。

这本书一出版，就在美国引起了极大的重视。这本书出中文版的时候，给这本书作序的是美国当时的副总统——戈尔。

卡逊的调查过程、出版过程受到了利益集团的层层封杀，她独自一人要跟资本势力搏斗，对抗这些势力，最后终于写出了这本书，出版了这本书。这本书也成为美国自然文学当中的经典作品之一。

我们追慕西方的娱乐式方式，追得很快，但是真正有价值的自然文学，在中国出现后却没有什么反响，这样好的文学类型今天在中国还没有出现。

美国自然主义文学流派有一个非常好的传统，不仅卡逊是这样，还有更早期的约翰·缪尔也是这样。

缪尔曾在美国西部的山地里给别人打零工，放羊。有一天，他走到一个地方，突然发现美国的资本集团在大规模地破坏大自然，比如林业公司滥伐森林，矿业公司为采矿把山炸得稀里哗啦，石油公司不管环境保护，抽油抽得遍地狼藉……

缪尔除了自己写书以外，还发起一些运动，一定要把美国的自然保护起来。比如，就是建立国家公园。

缪尔是一位作家，他创造了“国家公园”这个概念，还举行各种各样的活动，去说服美国政府。他们曾经把美国总统，说服到跟着他们到山里去露营。让政府官员去体验大自然的美好。最后美国通过了立法，创立国家公园，保护大自然。

黄石公园、优胜美地公园等都因此而创建。那时已经有伐木公司、采矿公司进去了，他们依靠政府的法令把他们赶走，才把这些地方保留下来。

卡逊、缪尔这些人当时也受到伐木公司、矿业主的威胁。但是他们是为人类的利益着想，将自己的写作理念付诸行动，然后来改造这个社会，保护大自然。

另外一个人利奥波德更有意思。早期美国人土地很多，经营很粗放，所以他们得到一个农场以后，也是胡乱地耕种。所以有些土地耕种十年、二十年之后，土地的肥力营养就全部耗尽了，这片土地就荒废了，变成一片沙漠。

利奥波德买了一个废弃的农场。这个农场因为土壤的肥力耗尽，不能再种庄稼，已经变成了沙地。他把这个农场买下来后，进行了一个实验，目的是实验这片土地是否能再恢复生机。他一点一点地去种树种草，这有点像我们今天恢复一片沙漠的生态一样。

他把整个过程和感受记录下来。因此，利奥波德就有了一本非常美好的书《沙乡年鉴》。

《沙乡年鉴》写了这个农场在1月是什么样，2月是什么样，3月是什么样……按12个月记录，记录完物象以后，他再对这些问题进行总结与思考，最后他成功了。

他们都是一方面写作，一方面揭露社会问题，同时付诸行动，所以自然主义文学在今天，还是不断地有新的东西出现。现在，也有很多人在做这样的工作。

所以我们应该多读一些这样的书，学会尊重自然，从而激发我们保护自然的意愿。因为当我们都不了解大自然的时候，声称要去保护它一定是空谈。人不可能对陌生的事物产生尊重与珍爱的情感。

虽然我们现在倡导“尊重自然，爱护环境”，但是当一个人对自然毫无认知的时候，他会真正地尊重自然吗？

不只是卡逊的书，还有利奥波德的《沙乡年鉴》，约翰·缪尔的《夏日走过山间》等，这些都是非常好的文学读本。因为这些书教会我们尊重自然，认识自然，保护自然。

《光荣与梦想》

光荣属于国家，而梦想属于人民。不同时代的人民有着不同的梦想，国家的光荣正是由一代又一代人民的梦想去创造的。

导读：
这不是一本书，这是一个时代

《光荣与梦想》曾经过获得罗振宇、俞敏洪等人的推荐，更是所有想要了解美国历史的人们必读的书目。

美国作为当今世界屈指可数的超级大国之一，是经历了第二次世界大战的所有国家之中，唯一一个不仅经济没有衰退，反而更加兴盛的国家。那么美国是如何从第一次世界大战之后的全球经济危机中一步步向前，成为如今的超级大国的？这些问题的答案，让我们一起去威廉·曼彻斯特的《光荣与梦想》中寻找。

威廉·曼彻斯特是美国著名通俗历史作家、著名记者。《光荣与梦想》的出版使他一举成名。除《光荣与梦想》外，他还撰写了20世纪多位伟大人物激动人心的传记，包括丘吉尔、麦克阿瑟、肯尼迪和洛克菲勒家族等。他的作品被翻译成17种文字和盲文，畅销世界各地。

《光荣与梦想》是美国的40年断代史，勾画了从1932年罗斯福总统上台前后，到1972年尼克松总统任期内水门事件的40年间美国政治、经济、文化，以及社会生活的方方面面。

罗振宇曾说："如果只让我向年轻人推荐一本书，那么一定就是《光荣与梦想》。”

《光荣与梦想》的开篇是从1929年的世界经济大危机说起。

1929年到1933年发生的世界大危机是资本主义发展史上波及最广的世界经济危机。危机首先在美国爆发，随后波及了全世界。当时的情况有多严重呢？书中举了这样一个例子：教师建议一个小女孩回家吃点儿东西。孩子回答说：“我不能吃，今天该我妹妹吃。”

当时美国的总统叫胡佛，在经济危机之下，胡佛政府无法支付一战老兵的抚恤金和补偿金，导致了“抚恤金事件”，也就是参加第一次世界大战的退伍军人想要马上拿到服役时该给却没给的薪资，但是被政府拒绝了，于是开始聚众闹事，最后导致军方介入而造成的流血事件。这批闹事的人叫作“退伍补偿金大军”。

这支“退伍补偿金大军”影响了一批不久就在世界舞台上起重要作用的大人物——包括道格拉斯·麦克阿瑟、乔治·巴顿、杜威·艾森豪威尔和爱德加·胡佛，还影响了1932年的总统大选。

1933年的情人节，胡佛卸任总统。3月5日，罗斯福成了美国第32任总统，正式开启了他的总统生涯。上任三个月后，罗斯福废除了金本位制。美国经济开始逐渐缓和。在就任美国总统后不久，他在美国小学生的心目中，比上帝还受人爱戴，而且就投票数来看，远远超过人们对上帝的期待。

谈完了经济，我们再看美国当时对待国际的态度。

当时的美国对战争十分畏惧，先是与21个拉美国家签订了中立协议，强调独善其身的立场，之后拒绝联名谴责日本侵华的行为，甚至在1935年通过了《皮特曼中立决议案》，向世界宣布美国不会帮助受侵略的国家。

事实上，美国不仅不帮助受侵略的国家，即使自己被打了之后，也没有反抗。

1937年7月，全面抗战爆发。当年12月12日，日本向从中国撤离的美国军舰开火，其实当时美国撤侨不仅提前和日本打了招呼，军舰还插有美国国旗，可就是这样，日本还是向军舰开火了。开火之后，就当全世界都以为美国要发起战争的时候，美国国务院却接受了日本的道歉。这种情况一直延续到第二年 9 月，捷克将苏台德地区割让给德国纳粹。直到这个时候，美国人民才意识到，战争和自己的距离其实并不遥远。

在书中有这样一个故事，1942 年 3 月，全美国都流传着一个小故事，一名女士在公交车上大声说道："打仗以后，我丈夫的工作比以前好，挣的钱也比以前多，所以我想让战争多打几年。"听到这些，另一名女士愤然起身，给了她一记耳光，说道："这一耳光是为我在珍珠港死去的儿子打的。"接着又给了她第二记耳光，说："这一耳光是为我在巴丹死去的儿子……"无论这个故事是真是假，但它确实证明了战争为美国带来了巨大的利益。

罗斯福执政期间，加大了国家对经济的控制，出台了一系列法案，提高了劳动人民的地位，缓和了社会的矛盾，加快了美国工业的发展，使美国的中产阶级具有很强的竞争能力。而在这个时期，第二次世界大战爆发，全世界都需要美国的产品，供应和产出出现了正向循环。这就是第二次世界大战期间，世界各国伤痕累累，而美国却从中崛起成为世界大国的原因。

罗斯福是高瞻远瞩的，他看得太远，超过了当时很多人的视野。和罗斯福相比，杜鲁门就显得平凡得多了，至少他不可能再获得比上帝更高的评价。如果罗斯福是应运而生，那么杜鲁门就是勤能补拙了。不过这样的杜鲁门却正是人们努力成功的典范，毕竟天才总是少数，而我们都是凡人。

杜鲁门是如此平凡，以至于当罗斯福去世的时候，美国人根本没想到他会成为新总统，书中这样写道：《纽约时报》记者卡贝尔·菲利普斯回忆说，当大家开始意识到这一点时，白宫记者团都惊呆了："天哪！杜鲁门将成为新总统！"

杜鲁门连任了两届总统，这对他来说是一件很辛苦的事情。这就好像奥林匹克的圣火传递，当你从前任手中接过来的时候，无论如何都要继续跑下去，直到有其他人从你手中把责任接走。

杜鲁门在任期间，经历了战胜纳粹德国、第二次世界大战结束、联合国成立、冷战开始、北约成立以及朝鲜战争的爆发等诸多世界大事。正当杜鲁门计划再次连任的时候，发生了一件大事——杜鲁门总统解除了麦克阿瑟的职务。

麦克阿瑟在当时的美国，几乎可以称得上是一位偶像级的人物，类似于现在所说的“顶级流量”。

杜鲁门总统在民众中的影响力本就不高，而麦克阿瑟呢？直到 1951 年，在许多美国民众心中，他都有如神祇。他的影响到什么程度呢，就是连卸任都万众瞩目。

《光荣与梦想》中这样记录麦克阿瑟卸任的场景：当他头戴镶着金边的帽子，身披引人注意的军用雨衣现身在舷梯口时，欢呼的人群不断向他涌来。他的车队花了两个小时才缓慢地穿过了 14 英里长的欢呼人群，抵达旧金山酒店。在这里，警察手拉手保护麦克阿瑟和他的夫人，以及他们 13 岁的儿子亚瑟 · 麦克阿瑟，以免他们遭到踩踏致死。

此事一出，新的反对杜鲁门的笑话到处流传：“我要去喝杜鲁门牌的啤酒，这酒像其他啤酒一样，只是没有酒沫。”

威廉 · 曼彻斯特在这里，用一句笑话，形象地写出了杜鲁门在民间的地位和人们对他的反对程度。

他的地位有多低呢？如果所有的总统都是一瓶酒，那你杜鲁门就是一瓶假酒，你连最基本的酒沫都没有。人们对他的反对程度有多严重呢？是这句话“到处流传”。这不是竞争对手的恶意造势，是人们自觉自发地开始嫌弃和吐槽。

其实大众对于此事是有一些误会的。

此时朝鲜战争正酣，中国也派出了人民志愿军。美国国内大部分人都认为此时不宜再战，杜鲁门也认为该停战了。可是作为主战派的麦克阿瑟却四处散播言论说要全歼中国军队。

这已经不是麦克阿瑟第一次做类似的事情了，各种“新仇旧恨”一叠加，杜鲁门忍无可忍，在凌晨一点召开新闻发布会，撤了麦克阿瑟的职，目的是防止他主动辞职。

在朝鲜战争问题听证会上，麦克阿瑟才终于承认自己对欧洲的形势缺乏全面的认知，然后他的支持度开始下滑，杜鲁门的影响力节节攀升，成了最有影响力的总统之一。

战争还在继续，可是此时双方已筋疲力尽，迫切地需要谈判。美国人民也不再关心战事，此时的美国国内，一片繁荣，商店琳琅满目。

美国的自豪和自尊日渐衰落，民主党的连任受到严重的阻碍。而此时，美国国内却正经历着一次周期性的道德败坏。出现了“五厘掮客”的恶名，即为他人谋取国家合同而从中获利 5% 的人。迫于压力，杜鲁门成立了总统委员会调查联邦政府贪腐问题。可却找不到合适的人来带领这个委员会。

这场闹剧愈演愈烈，杜鲁门决定，自己将不再竞选总统。

在经过一系列的波折之后，共和党终于迎来了久违的胜利，艾森豪威尔时代来临。

从 1953 年朝鲜停战到 1957 年秋的这段时间被称为“艾森豪威尔的假寐期”，美国人故步自封，然而苏联逐渐壮大，渐渐蚕食着美国。

这是一个物欲横流、追求享受的年代，大众社会分崩离析、随波逐流、毫无个性、道德败坏，整个社会笼罩在无聊厌烦和恶俗的氛围当中。但是，新的发明层出不穷，数目繁多，如中央吸尘器、乙烯基塑料地板、按键式电话、立体声调频收音机等。新发明改变了人们的生活，此时，“大萧条”早已渐行渐远。

层出不穷的发明，道德败坏的社会，追求享受的年代，这就是真实的美国。曼彻斯特用自己独特的方式去描写美国的生活，所带给我们的，不是美国的一个方面，而是它的多个方面。

美国在这个时期已经显露出它超级强国的影子，这多亏了艾森豪威尔。

艾森豪威尔结束了朝鲜战争，且没有让美国陷入越战；坚定地维护美国利益；美国最终在与苏联的竞争中取得了胜利，现在成了世界唯一的超级大国。

艾森豪威尔连任两届之后的大选，之后民主党的肯尼迪战胜了共和党的尼克松，现在看来，那是一场悲剧的开启。所谓盛极必衰，美国虽然没有走向衰落，内部却依旧问题重重。

艾森豪威尔卸任之后，肯尼迪接过了总统的大任。肯尼迪在任期间，进行了两次主要的政治行动，第一次是增兵越南，第二次就是他制订了在 20 世纪 60 年代末之前将人类送至月球的计划。在空间探索领域与苏联的竞争使得美国筋疲力尽，耗费了巨额的资金。

1963 年 11 月 22 日，肯尼迪总统乘坐敞篷轿车驶过得克萨斯州达拉斯的迪利广场时，遭到枪击身亡。随后，林登·约翰逊在“空军 1 号”上宣誓接任总统之职。

约翰逊总统将美国带入了越南战争的大泥潭中，美国人民迫切地需要有人将他们带出这种困境，这个任务就落到了尼克松的头上。

说到尼克松，大家一定会想到水门事件，水门事件轰动美国朝野内外，至今都有相当大的影响力，现在也常用“× × 门”来代表政治丑闻。

为什么水门事件会有这么大的影响力呢？

1972 年 6 月 17 日，以美国共和党尼克松竞选班子的首席安全问题顾问詹姆斯·麦科德为首的 5 人闯入位于华盛顿水门大厦的民主党全国委员会办公室，在安装窃听器并偷拍有关文件时，当场被捕。

其实整个水门事件到这里就已经结束了，在当时，水门事件并没有对大选产生影响，1972 年，尼克松在大选中一路高唱凯歌，最终赢得大选。

那么它是怎么演变成一件闻名世界的政治丑闻的呢?

起初，水门事件并没有受到新闻媒体的过多关注，可是《华盛顿邮报》却发现，水门事件可能和白宫有关，并于 10 月 10 日宣称，水门窃听案是“白宫官员和支持总统连任委员会策划的大规模政治间谍和蓄意破坏行动”的一部分。另一方面，民主党在深入调查此事时，牵扯出越来越多的人，最后，揪出了尼克松幕僚团队的人——迪安。

更为致命的是，尼克松在白宫安装了一套自动录音系统的事被曝光，水门事件委员会要求尼克松交出有关的录音带和文件资料。

最终，水门事件渐渐演变成震惊朝野的宪政危机。1974 年 8 月 8 日晚上，尼克松不得不向全国发表电视演说，宣布辞去总统职务，成为美国历史上第一位，也是迄今唯一因丑闻而中途下台的总统。

到这里，威廉·曼彻斯特的《光荣与梦想》就全部结束了。

威廉·曼彻斯特用他独特的语言向我们展示了美国在这 40 年间，方方面面的演变，从历届政府中统治集团的内讧和两党的钩心斗角、经济危机引发的一系列社会动乱，以及农场主、工人、退伍军人和黑人的群众斗争等，到美国人民的精神生活、阶层生活，甚至性观念、教育观念、音乐电影等，都进行了详尽且有趣的叙述。《光荣与梦想》可谓美国自罗斯福上台以来的社会百科全书。

在他的描述下，我们认识了平庸无能的胡佛、传奇人物天才罗斯福、勤勉却姿态不高的杜鲁门、稚嫩的肯尼迪、守成有余的艾森豪威尔、有野心却极度缺乏安全感的尼克松、“网红”将军麦克阿瑟等人。

我们不禁想问，对于这个年轻的国家而言，光荣是什么，梦想又是什么?在这 40 多年间，美国经历了风风雨雨，各路人马热闹上场，吵闹下场，有过成功，也有失败，但不管是成功还是失败，最终都化成了这个民族的财富，推动这个民族不断向未来迈进。

就像有人说过的：光荣属于国家，而梦想属于人民。不同时代的人民有着不同的梦想，国家的光荣正是由一代又一代人民的梦想去创造的。

在历史的长河中，国家有过各种程度的兴衰更迭，可是人民始终不离不弃，忠诚于国家，只为让这个国家变得更强大。

国家的光荣在每一位公民的心中，这40年的历史并不只是美国的荣光，更是美国光荣和梦想的开始。

阿来：
用一种全面的眼光看待世界

《光荣与梦想》是美国的一本历史书。除了这本历史书，20世纪80年代我还读过另外一本书，就是写德国的《第三帝国的覆灭》，或者是《第三帝国的兴亡》。

这两个国家都是在20世纪30年代、40年代走向强盛，最后在第二次世界大战当中一胜一败，形成鲜明对比。当时我看完这两本书以后，觉得自己脑子里有了一种对历史全新的认识和看法。

这种历史书的写法与我们传统的历史书的写法完全不同。我们古代的很多历史书，因为朝代和阶级的局限，无法着眼于政治理念、哲学观点和社会变化，而是记录宫廷里的派系斗争，皇帝跟大臣的、大臣跟皇后家的、大臣跟太监宦官们的、大臣跟大臣之间的……

所以中国古代史在一定程度上是一部宫廷里的权力暗斗史。人们对这种暗黑的争斗总是津津有味地复述，而不是对它带有某种批判和警惕，这是我们看待历史片面的地方。

再者，我们写历史，热衷写战争，其实战争也是宫廷内斗版的外化版，今天你打我，明天我打你。但到底为什么打？打来打去到底是为什么？这些打仗的人，杀那么多人的人，毁败了那么多文明成果，到底是为了社会的进步，还是滥用权力呢？我们的历史书对这些东西也没有太多反思。

这种历史书的写法，我把它叫作说书人的写法（类似过去茶馆里的说书人），而不是一个真正知识分子维护社会正义，观察社会和人类如何艰难进步的写法。

而看一看《光荣与梦想》这本书，它讲到权力的时候很少，它讲的是社会的各个方面，当时经济是什么情况，老百姓的生活是什么情况，有什么科学发明，甚至当时流行的歌曲是什么。唱什么歌曲，其实也是一个时代社会思潮的体现。最后它才说到高层的政治。

你看这本书，一开篇，它没有写大人物，而是写“1932 年年底，那个山穷水尽的夏天，华盛顿哥伦比亚特区活像一座深陷敌后的欧洲小国的京城似的，大约有 2.5 万名世界大战的退伍军人携家带口，身无分文，在市内的公园，垃圾堆积之处，拣个地方随便住下……”

它写的是退伍军人这样的普通人，没名没姓的普通人。而我们的历史书总是这样写：皇上今天早上干了什么，妃子干了什么，今天大多数的电视剧里播的也是这些。

我们读《光荣与梦想》，却可以看到——美国当时陷入经济萧条，积聚了很多社会问题。因为国家经济不好，退伍军人没有得到安置，底层很多工人失业、农民破产，这些人都涌到城市里，国家又没有力量去救济他们。

这要用什么办法解决呢？国家要调整政策，来解决这些老百姓的问题，就是所谓的社会问题。

不同的利益集团，不同的党派，不同的人，会针对这种问题提出各种解决方案，而要实行这种种方案，就要先掌握国家权力。于是，他们开始竞选总统。而竞选总统的时候，必须要对这些社会问题做出回答。因为总统是要靠选民来投票的。

民意影响高层政治，高层政治又会顺应民意来改善这个社会状况，这本书把这种政治互动写得很好。

罗斯福总统上台，他把这些失业的人组织起来，国家给他们付工资，搞基础建设，修公路，现在很多时候化解诸多社会难题不也是通过大规模基建吗？这样，既建设了国家，又解决了失业人口的问题。

这样的书是对社会全面的描写：既有站在中心舞台上的大人物，也有处在不起眼的角落里的小老百姓。通过这本书，我们可以全面地理解美国那时的艺术是什么样子，科学是什么样子，工业、农业、旅游业是什么样子，各阶层人的想法，不同党派人的想法，当然也有阴谋，也有钩心斗角，但它不是历史的主调。

历史自己有一个巨大的力量会推动社会往前走，那么历史的巨大力量是什么？欧洲哲学里有一个"历史决定论"，即认为历史跟人、人类社会一样，它是进化的、往前走的。历史具有这样一种意志，就是要推动人类往前走，而不是往后退。

而你看整个世界的确是这样。成功的就是那些不断往前走的，不成功的就是不肯往前走的，陷于那种暗黑阴谋的。今天我们在重新经历一个开始前进的过程。但我们对历史的关注点，还是那一套，包括近来年轻人阅读的网上流行的小说、古代历史题材的电视剧还是老一套，还是宦官，还是后宫，还是妃子们争风吃醋，还是玩弄权术的皇帝，还是争夺权力的父子兄弟。

除了这个，中国历史没有别的方面吗？艺术有没有？科技有没有？老百姓的生活有没有？有。有些方面，都被忽略了。很多人只是在学生阶段学一点真正历史，从书里获得了一些历史知识。但我觉得这远远不够。我们走出学校后，还需要学到更完整、更全面的历史。人类许多知识，都是在历史进程中不断发现，逐渐展开的。

历史进程中，人类每天都在增长的知识，我们每个人没有办法完全理解和接受，那我们该读什么书呢？

我觉得是要学到好的思想方法，看待世界的方法。如果我们总是读话本历史小说，读演义体的历史书，阅读的内容都是关于后宫、皇帝、大臣、太监，那中国的历史是没有办法前进的。所以我觉得像《光荣与梦想》这种书，读了就可以知道当时美国社会的情况，它教会我们用一种比较全面的、丰富的、生动的历史观来看待世界。我们社会今天正在发生的变化，它都是历史前进的一个部分。

现在的读书人，尤其是已经走上了社会、离开了学校的读书人，应该不再是以吸取知识为主，而是应该以学习方法、学习思想方法为主。因为将来我们还要面临一些新的问题，要学习面对新东西的思想方法与态度。现在我们要了解，一百年前的中国是什么样子？在我们写的不少历史书里往往找不到。因为很多历史书就是爱写皇帝、高官，老百姓的生活是什么样子？我们可以找找国外的书来看。因为那个时候，一百多年前，两百多年前，就有很多外国人到中国了，他们很用心地把中国社会各个方面的状况认真记下来了，用相机将中国社会的各种事物、人物拍下来了。而现代社会已经发展到了一个需要我们有全面的历史观的时候了。所以我们读书的领域要扩大，会对我们有更多的帮助。不只是这本《光荣与梦想》，其他的也可以读一读。当然这本《光荣与梦想》也很好看，也有点像看外国的纪录片一样，是对社会生活的方方面面都很丰富而且充满细节的呈现。

在这本书中，你可以读到，在第二次世界大战前期纽约是比全国其他地方更倾向于干涉欧战的，要不要到欧洲去打仗呢？帮英法去打德国？这曾是美国的大问题。

在这本书中，你可以读到，各大工厂的装配线夜以继日地转动，为苏联、英国、自由法国的军队和美国的武装人员提供装备，准备 1944 年的决战。连打字机工厂也在制造机关枪，汽车工厂在制造轰炸机；在康涅狄格州，伊戈尔·西科斯基完成了世界上第一条生产直升机的装配线；同样是在康涅狄格州，斯特拉斯福德的工厂制造了6000架以上的海盗式战斗机。

过去说打仗，都说前线战斗。但这本书是从制造兵器说起，我们读中国历史，过去的兵器——戈、矛、刀，也是从后勤部门制造出来的，而且也是要有技术发展，才能支撑这场战争。

战争不是领头人一挥手，说"冲啊！""给某某报仇！"就打下来的。《光荣与梦想》这本书就可以把这种看历史的方法、观察历史的方法改正过来。

在历史的进程中，好像看起来每一个人都微不足道，但是每一个微不足道的人都有小的力量，小的力量汇聚成大的力量，就是社会思潮。社会思潮会决定历史的方向。

这本书的第一个关键词是立体，它是社会的方方面面，而不是一个单薄的皇宫。

第二个是宽广。宽广不是说因为写的东西多就叫宽广，而是眼界的宽广。写历史不是把历史全着眼在几个人的身上，而是从其中看到了整个社会，还看到了历史的未知、未来。

欧洲古典哲学当中就有一个词叫作"历史的意志"，历史的意志不是一个抽象的东西，它到一定时候是发挥作用的。早期美国人不想参战，但发展到后来，美国愿意投身于这场战争。照理说有些战争跟美国没什么关系，但后来美国确实加入了这场战争，而且美国的加入决定了第二次世界大战的胜败，决定了历史的方向。

第三个是生动，有细节。像前文提到的那么多退伍军人都跑到城里，他们不是一来就冲进去，而是先在城里的公园里安营扎寨，住下来。他们都是从一个人的角度来讲，随便一翻，就可以发现他们写小人物也写得很生动。

查尔斯·施瓦布就是其中一个生动的小人物，这位哈佛大学商学院院长说，资本主义正在经受考验，西方文明前途如何，取决于这次考验的结果。

他是一个小人物，但他说出了很多反响很大的话。《耶鲁评论》《哈泼斯月刊》《大西洋月刊》都登载了他的这篇文章。

所以只要观点好，就会引起反响。查尔斯·施瓦布说出的话，一下子就被美国很多著名的杂志转载了，这就是反响。这本书是用具体事例，用细节来证明的。

历史是细节构成的，我们的文学也是这样。

《非洲的笑声》

时间的脚步慢慢吞吞，简直是在爬，我知道这就叫童年，父母对我说："等你到了我们的年纪，日子简直在飞。"可在那个时候，每天都是永远，我下定决心摆脱童年状态，越快越好，因为童年意味着无助。

导读：

你们住在天堂，你们知道吗？

《非洲的笑声》记录了作者多丽丝·莱辛前往非洲的寻根之旅。因为反抗白人少数统治，莱辛曾被南罗得西亚政府禁止入境长达 25 年。

莱辛追忆了她对津巴布韦的四次访问：1982 年、1988 年、1989 年、1992 年。她丰富多彩而言辞犀利的叙述涵盖了津巴布韦生活的方方面面，以锐利的目光洞察不同种族人类的普遍状况，使读者从中看到生活中形形色色的矛盾与冲突。

多丽丝·莱辛 5 岁时，随父母从英国到南罗得西亚定居，30 岁时回到英国。1956 年，她因支持南罗得西亚的黑人独立，被执政者下了通牒：禁止入境。这一禁令，长达 25 年之久。她没想到居然会在自己长大成人的地方被封杀。

自那以后，她开始明白，我们自诩为世界公民，但配得上我们理想的国家并不多。

1982 年，阔别此地 25 年之久的多丽丝·莱辛再次回到这片土地。离开时，这里还是南罗得西亚；回来时，这里已是津巴布韦。25 年的时间，沧海桑田，天翻地覆。

在此之后，1988 年、1989 年、1992 年，她又三次回到津巴布韦，走访了这个国家的各个角落，见证了它的蜕变，这蜕变有好的，也有坏的。

让我们跟随着她的步伐，从本书作者多丽丝·莱辛的视角，跨越千山万水，一起体验这段难忘的寻根之旅。

1982 年，多丽丝·莱辛第一次回到津巴布韦，见到了久违的亲人和曾经的故土。一踏出机场，她不禁潸然泪下。

之后，莱辛见到了弟弟，弟媳早已过世，弟弟的孩子们在南非工作，这座被铁丝网围得严密的宅院，只有弟弟和他的两条狗、一个仆人居住。弟弟感慨道："生活把我们都毁了，是不是？"

那天下午，他们回忆着过往的种种。很快便发现，莱辛和弟弟的记忆是背道而驰的，他们都是选择性地记住一些自己认为有意义的事情。他们记忆中唯一的交叉点，只剩下曾经一起生活过的如世外桃源般的老农场。

但弟弟告诉她，那里野兽没了，鸟也没了，高高的山头被削平，蜜蜂、蝴蝶、蜥蜴、变色龙都没了，农药把它们都消灭了。

我们曾住在天堂里，自己却不知道。而如今，一切都一去不回头了。

弟弟说，他不能忍受活在黑人统治的政府里，他准备带着两条狗去南非生活，他准备"飞了"。在当时，白人离开津巴布韦去南非，会被含蓄地叫作"飞了"。

离开弟弟家前往穆塔雷的路上，莱辛让两拨人搭车。她想从和他们的交谈中，更真切地了解刚刚独立两年的津巴布韦。

一路上，他们摇头、叹气、微笑。这条路对莱辛来说，意味着尘封许久的回忆；对他们来说，则意味着战争。

"过不了多久就没人记得这些了。"三个人中的一个说，说完大笑起来。那是妙不可言的属于非洲的笑声，发自五脏六腑，抓住全身的笑声，浸透着开朗、豁达的人生智慧。

他们问莱辛回来后的感受，她说丛林空了，树木稀了，很多动物，小鸟、昆虫都没了，一切都变了。

读到这里，我们了解了津巴布韦的基本情况，也看到25年后重回故土的莱辛，举目皆是物是人非与满目疮痍。在她眼里，环境的毁坏带来的震撼，远远超过战争、白人政权与黑人政权的轮换。

让她略感欣慰的是，在那暴力、混乱的10年里，这片土地上的人民表现出旺盛的活力、乐观向上的情绪和不达目的誓不罢休的恒心。这是故事里最美好的一部分。在梦想与现实之间，乐观的人们选择一往直前，因为他们坚信，曙光到处，必有希望。

津巴布韦这个国家，走过了90年的风风雨雨，才正式屹立于世界各国之林。作为一个独立的国家，它只有两年，并没有储备足够的专业人才，它还在摸索怎样成为一个现代化的国家。但是国际专家在提到津巴布韦时，都仿佛在谈一个老牌国家，以最严格的标准评判它。

在这个年轻的国家，国民从上到下都在议论国事，他们不满新政府的种种举措，总是把穆加贝的行为挂在嘴边，“他为什么要……他为什么不……”几乎成了大家的口头语。

之后，莱辛走访了津巴布韦与莫桑比克交界的旺巴山，参观了一个示范性农场。

农场主是一对经营有道的白人夫妇，男主人负责经营农场，农场里有很多农业机械，又有许多工棚和作坊，现代化的耕种让这里几乎自给自足。

女主人开了一所家政人员培训学校，专门负责教村里的女人制作糕点、烹饪、铺床叠被、侍弄花草，学会了这些，她们就可以在城里的宾馆找份工作。女主人说，她只想为津巴布韦尽一份自己的力量。

但后来这对夫妇还是离开了津巴布韦，因为资金带不出来，他们换了地方只能从头开始。

很快，莱辛回到哈拉雷参加展销节。去年的展销节上，一群醉酒的自由战士拿着武器冲进来威胁并羞辱白人，为没有将他们赶出津巴布韦而愤愤不平。所以今年大家都怕这一幕重演。但是在展销节上，莱辛还是感受到了大家对生活的努力和憧憬。

离开哈拉雷之后，莱辛再次踏上了搭车前往穆塔雷的行程，但在途中遇到了车祸，被送往附近的乡村医院急救，之后便住到一起搭车的母女家里。

那是一个冬日的夜晚，屋里挤满了人，有这个农场的，也有附近农场的，有黑人有白人，大家围坐在火堆前，吃着点心，开心地聊着。除了热闹的人群，还有七条狗和两只猫也挤在大家中间。

在这个农场，莱辛又一次亲身经历了关饷之夜。这是以前南罗得西亚的传统，发工钱的日子，对于农场里的女人们来说，是个有色彩的日子，她们几乎拿出全部家当打扮自己，漂亮衣服、手镯、脚镯、耳环。

和往昔一样，现在的关饷之夜依旧是个丰富多彩的时刻，女人们还是盛装出席。时局变更，日子清苦，都改变不了她们对美和幸福的追求。

读到这里，我们不禁感慨，每个人都有一个回不去的故乡，莱辛也一样。25 年后她重回故土，却找不到记忆的安放处。曾经生活过的农场，承载着她仅存的幻想，她不敢轻易回去，是怕记忆的碎片彻底零落。

在逗留的六个星期中，她看见了战争对环境的破坏，耳闻了人们对新政府的质疑，目睹了白人与黑人之间微妙的心态变化。她知道这个年轻的国家走上正轨还需要漫长的时间，同样，消除种族间的隔阂，也需要漫长的时间。

我们在遇到一时解决不了的问题时，总喜欢把它交给时间。只是，时间一定就是良药吗?

六年后的 1988 年，莱辛再一次回到了津巴布韦，此时，整个南非乱成了一锅粥。造成混乱的原因是南非政府决心把整个南部非洲大陆都控制在白人的统治下。为了掩盖那些肮脏、无耻的真相，南非已颁布法律条文：禁止任何记者看见任何政府不想被人看见的事。

1982年至1988年这六年，津巴布韦看似平静，实则掩盖着巨大的恐怖。在乡下，无依无靠的白人农庄经常发生一些凶杀案，有些农庄还被纵火焚毁。穆加贝组织了军队，表面看是抵制恐怖，实则故意制造恐怖：掠夺、杀戮、奸淫、纵火。当所有人都闻风丧胆时，穆加贝展现了他所谓的“政治家风度”，大赦全国，颁布了“团结法案”。

在这六年间，津巴布韦的腐败如雨后春笋般加速。尽管穆加贝颁布了法令抵制腐败，依旧改变不了特权阶级的出现。

在失去土地的旧农场主眼里，即便这些新贵们拥有土地，拥有特权，充其量也不过是野蛮的暴发户，距离贵族精神，他们还相去甚远。

当穆加贝和他的军队还是权力角逐者之一时，他除了许诺胜利后将给追随者土地以外，还许诺会让这个国家所有的孩子都完成基础教育。

如今，津巴布韦国土上遍布学校，却没有足够的老师和课本，更不用说其他的教学设施。在学校里，新的教学人员都不会待得太久，他们会很快逃离，更让人愤怒的是，许多学校的校长也开始腐败起来。

独立已经八年了，对一个国家而言，八年算不了什么；可对于一个孩子来说，八年可能意味着一切。

这一次，莱辛和朋友阿尔顿开始走访学校，他们开车向哈拉雷西边的村子驶去，深入了解津巴布韦的教育情况。

在乡村，所谓的“学校”，就是那种廉价的、快速建起来的低矮建筑。她走访的这所中学的老师，是她的朋友杰克，他从英国来这里支教，他的语气透着绝望。

他说：“这里完全被遗忘了，肮脏，没有道德可言。”校长挪用了学校的钱，还和学生发生性关系。这些，大家都看在眼里。可校长自己并不觉得有什么不妥。在他们心里仿佛有片区域，把通常犯罪感带来的担惊受怕全都屏蔽了。

在津巴布韦，像这样的乡村学校就是灰色地带。可是一切都解决不了。

对莱辛来说最有意义的事，就是参加了一个图书小组。这支队伍已经完成了两种书：一种是指导人们如何克服民事纠纷，如何真抓实干，而不是空喊口号；另一种在最后的编撰校对中，像是一本实用手册，详细地介绍了如何开立银行账户，如何申请银行贷款，如何开商店，甚至设置路边摊位等。

现在小组正在策划第三种图书——一本专门为妇女设计的书，也将是最有争议的一本书。在乡村，“妇女作为改变现实最积极的动力”这个事实早已被认可，可她们还要遵从男尊女卑的传统观念。图书小组做这本书的目的，是想让所有妇女都能掌握自己的人生，不向男性屈服。

读到这里，我们也会深深地体会到，一个国家的文明，体现在它怎样对待孩子和女人。追随着莱辛的步伐，我们看到了这个国家在当时的基础教育可谓糟糕透顶，辛苦劳作的妇女，只能凭借着自我意识的提高，慢慢改变在社会和家庭中的地位。

在这个新兴的国家，人和其他生物一样，都是渺小无助的。

1989 年，整个南非都陷入到了华而不实的宣传中，所听到的和真实情况完全风马牛不相及，尤以津巴布韦为甚。

此时的津巴布韦，腐败已经彻底失控。人们对此好像已经麻木，不愿开口再提。但大家都愤恨地意识到，在这个国家是有两套法律的，一套适用于特权阶级，一套适用于平民百姓。

艾滋病的迅速蔓延，终于得到政府的重视，官员们不再说它是白人的阴谋，开始正式宣传艾滋病的预防与危害。

莱辛也在 1989 年第三次回到津巴布韦，但看到的却是满目疮痍，到处弥漫着绝望。

乡村的公共交通问题依然没有解决。黑人农民们丰收的粮食、水果只能堆在家里运不出来。这个国家不缺钱，可却不知道怎样把钱花在刀刃上。这里没有专业的培训机构，没有训练有素的技术人员。

人们会因为一些小事便离开津巴布韦，真是稻草也能压垮骆驼。一位科学家走了，因为他提出的“购买研发设备”的申请被以“外汇紧张”为由拒绝了，可官员们却有钱乘着飞机满世界开会。

治安问题也日益严重。咖啡农在穆塔雷大白天地被人抢劫了，连她自己也没能幸免，在哈拉雷一座漂亮的公园里，被团伙作案的小偷拿走了一百英镑。

离开津巴布韦前，在落日的黄昏中，她窥望过去，所有的过去，仿佛看到一位步履轻健的年轻人刚刚从群山中走出来，在回家的路上，双眼还时刻警惕着已经消失的猎物的魅影。

到了 1992 年，津巴布韦通货膨胀严重，津巴布韦元只值过去的四分之一，这让早已贫困交加的人们更加走投无路。

官员们一边央求着国际投资，一边把责任都推到跨国公司头上，可跨国公司还在等着电话能通，官僚手续能简洁高效。

前些年，政府强制农民种植可以换取外汇的经济作物，粮食储备却越来越少。如今，饥荒正在逼近，国内已没有足够的粮食应对。政府要动用外汇向南非购粮。储备外汇政策决定了津巴布韦至少今年之内都要捧着讨饭碗了。

饥荒也影响了动物。津巴布韦计划猎杀大象三万头。否则，象群会因为饥荒而死亡。伴随饥荒的，还有干旱。旱情严重的地方，不只耕牛，甚至连耐旱能力极强的山羊和野生动物都在相继死掉。农民们开始射杀刚出生的小牛犊。

图书小组的第三本书历经 12 个月，冲破各种阻挠，终于能出版发行了，书名定为“建设完整社会”，从这个书名我们就能看出，妇女在这个社会中受重视的程度。

一位七年来一直帮助穷人和无家可归者的爱尔兰人，被驱逐出境。就如同莱辛当年一样，他被列为禁止入境者所依照的法律，仍是南罗得西亚时代的旧法律。几十年了，那条法律从未变过。

此时，艾滋病已呈疯狂蔓延之势。每四名新生儿中就有一个是病毒携带者。

1992年的津巴布韦，愁云惨淡。

大家都说："每当我想起独立时的那些梦想，我就想为津巴布韦放声大哭。太让人伤心了，太让人伤心了……"

津巴布韦曾被称为"上帝的花园""非洲的粮仓"，只10年的时间，津巴布韦便对外受到经济制裁，对内物资匮乏，天灾人祸相加，使得通货膨胀愈演愈烈，本国货币几乎变成废纸。

2013年11月17日，多丽丝·莱辛去世，终年94岁。直到她离开这个世界的时候，她从心底热爱的那片土地，依旧在混乱中挣扎。

阿来：
当理想遭遇现实

多丽丝·莱辛是一位获得诺贝尔文学奖的作家。她有一部长篇小说——《野草在歌唱》，很多人喜欢这本书，甚至把这本书当成她的代表作。也许是因为这本书中表达了现代性的主题，带有女权主义色彩。但是我关注得更多的是她的另一本书——《非洲的笑声》。

这本书可以说是长篇散文，也可以说是非虚构作品。这是她二三十年前写的书，但仍与我们今天的现实密切相关。文学有时候，就是从人本主义出发、人道主义出发，对历史进程中的某些问题做出预言，或者是发出警报。

多丽丝·莱辛为什么要写这本书呢？

她出生在伊朗，那个时候叫波斯。她父母是大英帝国驻波斯的外交官，后来移民到今天的津巴布韦，那时候津巴布韦叫罗得西亚，是大英帝国在非洲的殖民地。

电影《走出非洲》写的就是罗得西亚这个地方。那时候罗得西亚还是一个白人统治的地方。相对于当地黑人，白人文化水平高，生产技术高，管理水平也高，武装力量先进。他们从当地黑人那里掠夺来很多土地，当地气候温润、土地肥沃，他们在这些土地上建了许多现代化的农场。

多丽丝·莱辛一家在这里也办起了一个农场，她就在这样一个农场主家庭长大。前面我说到她也有女权主义思想。作为一个新时代的年轻人，她受各种先进思潮的影响，思想激进、开放，对既定的社会秩序都会质疑和反抗。

那个时代，也是反殖民主义运动高涨的年代，她也看到了殖民主义的不公。白人控制了这个地区几乎所有的社会资源，处在整个国家的中上层。而下层都是黑人。黑人是这片土地原来的主人，但土地现在都落入了白人的手中。黑人或者被迫退缩到一些更偏僻的地带，或者只能在白人农场上出卖劳动力来养家糊口。难能可贵的是，多丽丝·莱辛是个白人，但她却对黑人的处境充满同情。

这种同情心，使她选择站在黑人这一边。那时，罗得西亚地方的人民也发起了反对殖民统治的解放运动。一些人甚至组织起来，开展推翻殖民统治的武装斗争。当时的罗得西亚白人政府并不欢迎她，因为她作为一个白人而支持黑人独立运动。所以，她在 20 多岁的时候被这个国家驱逐出境。

于是，她回到了她母亲的祖国——英国，也因此在她获得诺贝尔文学奖的时候，多丽丝·莱辛被看作是一个英国作家，而忽略了她早年的经历。

虽然她被迫离开了罗得西亚，但她一直很关注自己度过了少年和青年时代的地方。

到了 20 世纪 70 年代末，黑人的武装斗争取得胜利，他们把白人政府推翻了。这让她很兴奋。她以为整个社会从不公正的殖民统治下解放出来，那里一定能够建立起一个黑人自己当家做主的公正社会。

于是,她马上奔赴这个新生的国家,但到了那里,她看到的情况并不是如此。她是一个理想主义者，理想主义过于强烈的人，在这个世界上总是显得过于天真。她回到罗得西亚，这个新生的国家已经有了一个新的名字：津巴布韦。但是，老百姓的生活并没有发生什么变化。他们还是按照原来的方式在生活，没有更多的教育机会，也没有挣到更多的钱。那些乡村的学校还是很破败。

唯一的变化是掌握权力的人换了。过去是白人，现在掌握权力的人换成了黑人。他们当初进行武装斗争的时候，都是以解放被压迫民族这样高大上的口号动员老百姓，但是政权一旦建立，当革命者登上权力的宝座，似乎就把老百姓抛弃了。

而且相比过去的白人政府，新政府还出现了一个新问题——腐败。他们觉得我革命，我奋斗，今天我控制了这个国家，所以这个国家就成我的了。过去为之奉献牺牲，现在就有资格加倍索取。于是，权力阶层中就开始滋生腐败。

再者，也是非洲一个普遍性的问题，就是新生的权贵阶层，他们治理国家的能力非常弱。那些过去的殖民者，长时间统治别人，长时间治理国家，使得他们管理社会的能力要高明得多。治理能力的低下，贪污腐败的滋生，使得社会陷入混乱无序的状态。

莱辛回到罗得西亚，看到的就是这样一种情形。她不但没有看到这个社会的进步，反而看到的是它的退步。这个结果听起来就很恐怖。对于这个理想主义者，这对黑人的民族解放运动寄予了很多美好希望的人来说，那情景真是让人失望和迷茫。

《非洲的笑声》第一部，就是对她第一次到津巴布韦，也相当于是重返故乡时所见所闻的忠实描述，她的不解，她的失望，她的迷茫的情绪也震颤其间。

在她记录下这些令人失望的情景时，她还在安慰自己，告诉自己，这一切只是暂时的。这些人会慢慢学会如何有效地管理一个国家。一切缺点，最终都会被克服；一切困难，最终都会被克服；一切不公正，最后都会被消除。因为她同情黑人，因为她相信黑人解放的正义性。她总是让自己想，可能他们刚刚治理这个国家，一切都是因为他们还没有经验，可能过些年一切就会好转。

所以，她带着失望回去，却仍在希望。过些年，她还要回来，相信那时一切都会好转。

到了 1988 年，她第二次来到这个新国家。

可是，这个时候的情况更糟糕了。老百姓的生活没有改善，反而比过去被殖民者统治时更为困顿了。早前，这个殖民国家是非洲经济、种植业发达的地方。因为过去罗得西亚被白人控制的时候，是白人在经营大农场。

白人的大农场经营得好，第一是因为生产技术和管理技术水平高，农场产出高。第二是因为他们懂市场，懂销售。他们有全球眼光，生产的东西都是出口到全世界的。当然这是建立在一个不公平的基础上，黑人没有土地或者只拥有很少的土地。

面对这种情形怎么办？只好土地改革，把白人的农场没收了，因为这些本来就是黑人的土地，现在把它收归国有，再把它重新分配给黑人农民，这听起来一点儿都没错。但是现实的情况是，把这些地分给农民以后，大农场的集约经济变成了小农经济，黑人农民的生产技术、管理水平都比白人低，也无法将生产的东西出口到全世界，使得整个国家的经济都陷入低迷的状态。

过去黑人可以到白人农场打工，而且过去的那些农场是公司化的、大的、集约化的经营，现在把地分成一小块一小块的，机械化、技术改进都没有了可能。

黑人农民本身受教育程度低，这个国家本来引以为傲的农业就崩溃了。

所以今天我们把津巴布韦的现实情形当笑话来听。这个国家通货膨胀的情形，已成了一个世界奇观。发行的货币面额已经到了几亿、几十亿甚至几百亿，这些现象的背后是物价的飞涨，是恶性的通货膨胀。现在他们已经不用本国的钱了，本国的钱早就没有任何价值了。所以这个国家的人要起来推翻当初革命的领导者穆加贝。但穆加贝又哪里肯主动让位呢？

就这样，这个国家越来越穷，从过去排名第二，变成了垫底的国家。

面对这个情形，莱辛还不甘心。事情不该是这样的，革命者不该是这样的。

即便如此，莱辛不甘心，1988年去了，1989年再回去，这是她第三次回去。触目所及，越来越多的失望，越来越浓的黑暗。于是，她把三次回去的所见所闻，写成了这本《非洲的笑声》。这是什么笑声？残酷现实嘲笑美好理想的笑声。

这本书为什么叫“非洲的笑声”，是说非洲这种无情的现实对我们的理想，发出了嘲笑。这本书是一个作家的预言，这个国家还会走向不好的境况。

这本书确实很有意思，她第一次回去的时候是在1982年，一个新国家的产生让她很激动，500多页的书，第一次一口气写了200多页。

第二次回去比较受打击，她写得相对少一点。

最后一次回去不想写了，只写了一点点，不想写，不忍再写，开了个头就结束了。因为她再也看不到希望。这也是她最后一次回去，之后就再也没有回去了。

我觉得这本书写得好，是因为世界上有很多这样的国家都面临这样的情况。

一般的政治理论认为，外来人统治当地人肯定是不对的。民族主义理论认为只有当地人统治当地人才是对的。这个世界绝大多数人都认同这一理论的正确性。

由什么样的人来统治国家的确是一个很重要的问题。马克·吐温说过一句话，我们应该爱我们的国家，但是我们还得看，这个国家是个什么样的国家，这个国家是什么样的人在统治。你总不能因为他们是和我们同一民族，就去爱一帮独裁者，接受暴君统治，还把这种屈从赋予爱国的名义。

这本书结束在1989年，但直到今天，那个国家一点儿都没有改变。

穆加贝是当年的解放者，统治这个国家快40年了，统治得很糟糕，没有一点儿愧疚，还准备让妻子继任。

莱辛是不管以女性主义、女权主义的敏锐写《野草在歌唱》，还是写《非洲的笑声》，她的立场是女性也好，黑人也好，她都站在这个世界弱势的一方。

比如她希望农村妇女得到教育，但是她们没有受教育的机会。她在获诺贝尔文学奖的演说词中举了一个例子，说她在一个小店买东西，一个农村妇女背个小孩也到小店买东西。小店里东西包装纸上有文字，那个妇女都会拿起来非常珍惜地读。但她却得不到一本书，也不可能得到一本书。她对文化有渴望，但国家不给她机会。

然后，讲她在飞机上碰到了一个官员，这个官员拿了一部英文小说，因为那个国家的官方语言也是英文。这个官员觉得一本书太沉了，上飞机后，他劈手把这本书撕成两半，读完一部分就把它扔了，然后下飞机的时候就带了半本，这半本再读完，他也会把它扔掉。

通过这两个对比性的细节，我们知道，作为一个作家首先要有自己的立场。好的作家是弱者一方的代言。我没有见到过为统治者辩护的作家，能成为好的作家。

这本书也暗含了第二个问题，莱辛为黑人辩护，但当黑人上台以后，并没有成为好的统治者，最后造成她极大的失望。

好的文学，确实可以教给我们很多看待事物的方法、经验跟教训。所以我觉得有空再读一读这些经典的书籍，是特别有意义的事。

《河上柏影》

我愿意写出生命中所经历的磨难、罪过、悲苦，

但我更愿意写出经历过这一切后，人性的温暖。

即使看起来，这个世界还在向着贪婪与罪过滑行，

但我还是愿意对人性保持温暖的向往。

导读：
留住我们心中的故乡山川

《河上柏影》是作家阿来“山珍三部”的最后一部。这本书表面是在讲树，实际是在讲人，以树的生死为线索，贯穿人物的一生辛劳，以及时代不断前进的脚步。

通过这本书，你会感到人与自然相处之中的贪婪与无奈，以及时代浪潮滚滚向前时，许多旧人、旧事被无情抛在身后的叹息与悲哀。

正如作者在本书序言中说的那样：“我愿意写出生命中所经历的磨难、罪过、悲苦，但我更愿意写出经历过这一切后，人性的温暖。即使看起来，这个世界还在向着贪婪与罪过滑行，但我还是愿意对人性保持温暖的向往。”

故事的开头介绍了一种叫岷江柏的植物，主人公王泽周的藏族母亲，经常前往老柏树下收集散发着香气的叶子，为了日后在仪式上将它们焚烧、祈祷。

女人的丈夫是一位木匠，汉族人，因为异乡人的身份，性格隐忍而软弱。他们的孩子也就是王泽周，继承了父亲的沉默寡言。

王泽周因为血统不纯总被歧视，但他特别争气，顺利考上了大学，是这穷乡僻壤的土地上出的第一位大学生。

俗话说，穷人的孩子早当家，命运越是给一个比别人低的起点，越不信命，非要闯个头破血流，向全世界宣告“我命由我不由天”。因此他们是隐忍的，是倔强的，这样的性格，也更容易让他们厚积薄发，开创出不一样的人生。

王泽周随父姓，泽周是藏语名字。他已经是一位大一的学生了，这次回家是回来过暑假的。他陪着母亲往柏树下去收集香柏叶。王泽周问母亲，求神佛佑护非要用这样的香叶才行吗？母亲回答，我不知道神佛要不要我们供养，我只知道这是自己的心愿。为我所愿，无怨无悔。

假期结束了，王泽周要返校，父亲给他精心打造了一口木箱子，木板很贵重，散发出阵阵馨香，但是王泽周却打心眼儿里嫌弃箱子太笨重。面对室友无情的嘲笑，王泽周置若罔闻，面对寝室大哥地位的贡布丹增，王泽周也不像跟他同样来自乡下的多吉一样谄媚讨好。

对于与自己同病相怜的人，人们往往不会表示同情，而是站在对立的一方，变本加厉地落井下石。但以这种方式撇清自己，不过是自欺欺人罢了。

当故事说到这儿，我们不得不说，虽然没有一个相对好的出身，但王泽周并不怨天尤人，自艾自怜，而是想办法摆脱现状，力争上游。出身不会斩断一个人成功的可能性，出身不好不能成为你自暴自弃的借口。

即将升入三年级的那个暑假，王泽周没有回家，留在学校看书。丁教授无意间在校园里碰见了抱着好几本书的王泽周，还以为他是因为有女朋友才不回家的，王泽周否认了，说没有女孩会喜欢他。

现在的女同学就喜欢家里有钱的，喜欢家长有势的，喜欢高大挺拔、模样英俊、性格奔放的，这些，王泽周通通沾不上边，他只是一个从乡下来的孩子。

教授临走的时候表示，学校每年都会在应届毕业生中选择合适的留校任教者，他一定会向学校认真推荐。

时代变了，人的眼光也变了。曾经信奉“唯努力论”，如今吹捧“唯出身论”。有一个好的出身，人生之路就好似开了绿灯，畅通无阻，一帆风顺。而那些出身低、起点低的人，只能更加拼命地去努力，才能挽回一个机会，一个可能。

他们的肩膀上负着全世界，他们不能倒下，因为身后空无一人。

王泽周静静地读着书，感觉着书籍给他的力量，读着读着书，王泽周便睡着了。他梦见了家乡的石丘，梦见了石丘上那五棵高大参天的岷江柏，还梦见了母亲正在为他祈祷，保佑家庭平安。王泽周却反驳道，没有人会记挂父亲的平安的。

醒来后，他却真的见到了父亲。父亲要带着他回老家寻根。

两人在离村子不到两百米的地方停下来休息，父亲哭了，因为他害怕。

这不由得让人想起了一个词叫“近乡情怯”。远离家乡在外漂泊的游子，无论有没有混出个名堂，家乡永远是他们内心深处的依赖，是他们不敢轻易碰触的柔软。

王泽周读了那些寄给父亲的信，了解了父亲的身世。时至今日，父亲的母亲早已去世，但父亲的其他亲人却要父亲抛弃妻子，带着儿子回来生活。这让王泽周非常生气，抛下父亲就离开了。他只知道他要回家，他要跟母亲在一起。

他知道母亲以前在村里受人欺负，他不能抛弃她，要保护好她，不再让她孤单。

刚见到母亲，王泽周就把她紧紧地抱在怀里。母亲红着脸问他父亲怎么没有一起回来？王泽周愤怒起来，他用学到的知识谴责着母亲，强调父亲绝对不会回来了。

王泽周冲着母亲怒吼，发泄着自己从小受的委屈，控诉着从来没有感受到的安全感。对此，母亲只能用双手捂住脸，梦境中的争吵似乎在现实中上演了，于是，王泽周起身冲出了屋子。

我们总是把最差的脾气留给最亲近的人，用最恶毒的话去伤害最爱的人。

但其实我们应该明白，没有人理所应当承受自己的坏情绪，那些选择默默忍受的人，不是因为别无选择，更不是出于义务，而是因为爱。

冲出家门的王泽周心里充满了悲伤，以及无力的愤怒。他想起了那个一直被村里人忽视的父亲，这时他才明白，他是爱父亲的。

王泽周在家里待了两天，没有跟母亲说一句话，他埋怨母亲，开始收拾行李准备返校。

愤怒让他再次冲出了屋子，冲着奔腾的河水咆哮，环顾四周，他看到了父亲工作的身影。他难以置信地跑上前去确认，看见父亲冲他笑时脸上的皱纹，然后他看见了自己的泪水。

王泽周和父亲回到家，一家三口终于团聚，拥抱痛哭。其实真正的家人哪里分得开啊？

父母所有的拼搏都是为了孩子，孩子全部的安全感都是来自父母，是血脉、是亲情、是爱把他们紧紧联系在一起，贫富相依，不离不弃。

大学时光飞逝，王泽周迎来了毕业。那时大学毕业生都是统一分配，贡布丹增留校，多吉要去政府机关工作。毕业并不是结束，未来的多吉，注定无法摆脱贡布丹增的光环。

王泽周决定一毕业马上回家乡，甚至等不及参加毕业典礼。曾经那是他参与不了的班上风光的男女同学之间的热闹，现在，他不再企望那样的热闹了。

圈子不同，何必强融？

在教书和做文书两个选择面前，为了避开多吉，王泽周选择去学校教书。

教了两年书，王泽周越发得心应手，越发清闲，对花岗石丘和那几棵老柏树的故事也越发好奇了。为了了解故事的全貌，他去拜访了村里的驱雹喇嘛。

驱雹喇嘛告诉王泽周，一千多年前，一个佛教的僧人从西藏来到这儿，要人们改奉佛教的神灵。僧人因水土不服病倒了，当地的酋长却阻止人们救治这个可怜的僧人，并且坚决拒绝改换信奉的神灵。于是，病危的僧人发出了诅咒，使一块巨大的岩石压死了酋长及其庞大家族。

王泽周对这个故事并不是很相信，他丈量了石头的数据，把它们写进了有关宗教发源的文章里。随后，他把这篇文章寄给了丁教授。

丁教授很快回了信，非常赞赏这篇文章，还把文章转给了学报，学报编辑将这篇文章送到学院某位知名教授那儿去审读以后，却惹来教授的质疑和愤怒。

但是这篇文章最终还是被发表了，面目全非地发表在一本泛文化类的杂志上。那本杂志发行广泛，因此文章一经发表就引起了县里的重视，准备发展旅游业，甚至给王泽周下发了通知，调他到新成立的旅游局去工作。

王泽周直到听说局长要保护濒危植物时，才最终决定当干部。

半年后，王泽周的老同学贡布丹增成了旅游局副局长，老同学的突然出现以及重重干涉，让王泽周意识到自己还是不适应机关，转过头去考研并且顺利取得了录取通知书。

当王泽周拿到人类学专业的录取通知书时，家乡的旅游业也风风火火地开展了起来。

王泽周回到学院继续念研究生。每到暑假，他也会回家看看，回局里露个面。多吉当了旅游局局长，贡布成了常务副县长。

多吉带着王泽周四处闲逛，感受着旅游业给村庄带来的变化。

河流还是原来的样子，村庄却安静了许多。年轻人大多都出去打工了，一些人去大城市，还有的从事着种种歌舞和民俗的表演。

但最让王泽周吃惊的是花岗石丘的变化，石丘的一面被削平整了，刻上了用红色油漆写下的六字箴言，几棵柏树上也悬挂着密集的五彩经幡。

柏树下面还立着一块牌子，上面书写着那个早已改头换面的故事。有些游客喜欢这种充满神秘主义的故事，贡布丹增开发旅游景点，自然也要迎合游客身上那些浅陋的兴奋点。

面对这一切的变化，王泽周只有无可奈何，他清楚地知道，文化旅游资源开发这种现代化的行为，可能会导致现代性信念的瓦解。

曾经人们信佛，是打心眼里将其当作信仰，那种信仰是发自内心的，无须外界强加符号就足够真挚动人。而如今，形式化的东西那么多，外在的程序那么复杂，最初的那份信仰，却在不知不觉中流失着。

而这一切，贡布丹增不会知道，王泽周即便知道，也没有能力去改变。正如王泽周认识到的那样，这是文化上的一种城市消费乡村的现象。

这种现象是现代人拼命追求的东西，没有人愿意去逆转这一浪潮。悲哀的是，时代的洪流裹挟着向前奔去，慢节奏的村民却还在固守着自己的一方天地默默耕耘。

王泽周回到家里只见到了母亲，母亲说庙里一直在大兴土木，有做不完的木匠活，父亲已经在庙里干了快两年了。他手艺精湛，很受器重。

王泽周问母亲还去不去石丘上收集香柏的落叶，母亲说去，但是叶子越来越少，不但掉在地上的少，就是夹在树上的也越来越稀疏了。

王泽周想，也许是被混凝土封住了树根，柏树不能自由呼吸了，天上的雨水和凝结的夜露，再也无法突破混凝土的封锁，渗入根部了。

回学校路过县城的时候，王泽周去了贡布副县长的办公室，提醒他，那几棵树可能快死了。

果不其然，第二年春天家乡传来消息，说那五棵柏树中的三棵已经出现了枯萎的迹象，似乎已不再生长。一年后，又有消息传来，说老柏树的情况越发不好了。县里甚至专门请了林业专家来诊断，诊断结果和王泽周所言不谋而合。

一个月后，这些树被抢救的消息还是被当成环保事迹登上了多家报纸。社会用各种手段抢救柏树，但那遏止柏树呼吸的混凝土盖子，依然没有被揭开。

一边打着环保主义的幌子，一边做着破坏自然的勾当。形式主义到如此地步，只能是自欺欺人，徒惹叹息罢了。

不知不觉，王泽周结婚生子，连博士都要毕业了。他递交了请求调离旅游局的报告，要求回原来教过书的中学任教。几经商榷，最终决定调到旅游局的史志办谋个闲差。

如今，五棵老柏树有两棵已经完全死去，只剩下三棵在苟延残喘。父亲也今非昔比了，先是被评为非物质文化遗产的传承人，还当上了不知道老板是谁的手工合作社的顾问，用他自己的话说，老都老了，没想到还能拿两份工资。

贡布丹增因为一次失误断送了他的县长生涯，责任被追究的结果，却是多吉帮他挡了刀，贡布丹增回到了原来的学院，一年后就拿到了博士学位，听说接下来还有可能会接任该学院一个新研究所的所长。

我们发现，无论哪一种选择，从一开始似乎就已经注定了结局。多吉依旧活在贡布丹增的羽翼之下，好的坏的，他都要承受，这是他的选择，怨不得旁人。

随着城镇化和新农村建设的大力推行，村民也一家一户地搬迁了。王泽周一家也搬到了县城。

父亲忙着装修新房子，他从合作社带来了很多工人，家里的装修不到一个月就弄好了。没住几天，母亲就说，我想我们家的老房子了，孙子却说，我不想回乡下，我喜欢新房子。

到了乡下，发现村子已经没有村子的样子了，整个村子只有王泽周家的房子原封不动，因为父亲始终狠不下心来拆掉自己的心血，他们家的房子还在这个残梦一样的村子中完整地伫立着。

母亲看到这样的村子伤心了，没有多待就回家了。

如今的岷江柏价格直线上升，仅仅一个星期就翻了三倍多。于是手工合作社的老板多吉又看到了商机，联系了一个大老板，大老板看了一圈，最终敲定要王泽周家的老房子和那五棵岷江柏。

就这样，老房子用了十多天的时间被拆掉了，拆完的第一天，全村能来的人都来了，他们大概都把这座房子的消失看成了村子最后消失的日子。大家在现场走来走去，犹如梦游一般。

拆除的是老房子，摧毁的是村庄，失去的却是鲜活的记忆。当最后一个念想也失去了，他们就真的变成了没有根的人，那些记忆也将消失殆尽，不复重来。

王泽周决定动笔，决定把这些故事一一记录下来。他决定把最准确的数据写进他那篇曾经夭折、如今正在复活的文章中。动笔时，那些他以为已经遗忘了的数据，其实一直深藏在记忆深处，每字每句都清晰可见。

树不需要人，人却需要树，正是因为这种需要，人使这个世界上的树越来越少。

这个世界上已经消失过很多树，也已经消失过很多人，科学告诉我们，最终连生长树与人的地球都会消失。但是从有人以来，就有人在记录那些人与物的消息，不以悲悼，仅以正见。

不然人会像从来没有在地球上出现过一样，因为人毕竟是在这个地球上出现了。

王泽周就是这样的记录者。

阿来：
在多变的世界里，寻找人性的温暖

前年和去年我写了三本书，分别是《三只虫草》《蘑菇圈》《河上柏影》。从书名中，可以发现，我写的都是自然界当中的植物或者动物。

这两年我有一个思考：在我们中国文学史上，很多作家都对人与人的关系探讨得很深入。如果只是讲人与人之间的爱恨情仇，主题似乎过于狭隘，好像我们的文学少了一点温暖与光芒。

在年轻的时候，我阅读了大量美国自然主义文学的作品。这些年，我对自然问题比较关注。

今天的中国，人跟自然的关系是一个很严峻的问题，我们对此不能视而不见。比如我们每天都在忧虑水是否干净，空气污染到了什么程度。

到了这个时候，我觉得文学可能要对人跟自然的关系有一些反思，所以我的这三本书其实都涉及了人与自然的关系。

中国人与自然的关系比较奇怪，一种是如果它对我们没有用处，我们就完全当它不存在；还有一种是，如果大家都觉得它有用处，我们就想去获得它，占有它。想要占有它的人越来越多，这种生物就会越来越少，就会造成自然界的生态失衡。但我们并不会因此而警醒，反而会因为对那些自然界中变得稀少的物品更加渴望，引发另一轮拜物的疯狂。

我的第三本书《河上柏影》，就是基于这样一个状况创作的。

在《河上柏影》这本书中，我讲述了一个村子里的故事。这个村子里有几棵非常古老的、有着几百年树龄的柏树。柏树这些年在中国身价倍涨，很多人都在争相购买和收藏，特别是一些品种优良的柏树，因为纹理比较好，又带有自然的香气。有钱人家里要做大桌子、大柜子，就想用这种柏木做，因为可以以此炫耀。

如果用不起大料做家具，那就用点零碎也可以。最普遍的现象，就是很多不信佛的人都要戴一串佛珠。

而这些佛珠的制作原料，除了檀木、黄花梨木，最多的就是柏木。太行山里的一种柏树叫崖柏，现在已经基本灭绝。甚至连岩缝里残存的一些柏树的老根，都有人冒着生命危险，将它从岩石里挖出来，因为它价值不菲。

但是佛经里说，众生平等。如果你把山上最珍稀的树的生命毁掉了，才得到这个手串，这种行为就已经违反了佛教的基本教义。更荒唐的就是，很多人本身不信佛，手上却缠着很大一串佛珠。

在我的家乡有一种柏树，也面临着这个命运，这种柏树叫岷江柏。过去，它们只是村口的一道风景，甚至跟老百姓的自然信仰有关系，但慢慢大家也顾不得了，整天打它的主意，今天打不到，明天打。说它的纹理好，香味也好。它跟已经濒临绝种的崖柏的命运几乎是一样的。因为人类的贪婪，村里最后这几棵柏树也没有保住，变成了某一户人家的一张桌子，或者某些人手上的一串手串。如果自然界都破坏殆尽，家里摆一张价值十万元的桌子跟价值一万元的桌子，有什么区别？

由此可以看到，我们对于物质那种不可理喻的欲望是很可怕的。因为它正在毁败我们的大自然。在美国的自然主义文学中，保护自然，不是跟个人斗争，而是跟巨大的利益集团斗争。比如约翰·缪尔，他们要保护森林，是跟伐木公司斗争。但现在中国早就没有伐木公司了。这个时候，保护自然，是不是跟我们每个人都有关系呢？

我们生活在大自然之中，大自然的一草一木都和我们息息相关。如果每个人都抑制了对一张几万元桌子的欲望，抑制了自己对一串手串的欲望，那这些物种就不会面临这种危机，我们的自然界也不会面临这种危机。

但现在我们一股脑儿地把责任推给砍倒这棵树的人，然后所有人就不再负任何责任。其实在这件事情上，每个人都是“有罪”的，消费也是“有罪”的。

我们争相购买的一串手串，既不能增加精神上的愉悦，又无法增加物质上的荣耀，那究竟为何要去消费它？在这个特别没有意义的消费行为中，反而破坏了我们大自然当中最珍贵的生态平衡，实在令人惋惜。

有些国家对我们的形象有所非议，有一点就是我们的物质欲望太强烈。我看过一些报告，说国人去外国伐木，比如在东南亚，或在非洲某些国家，引起了当地人对我们的不满。

所以，有些时候我们很多人不理解，他们为什么还不喜欢我们？这就是一个非常重要的原因，中国人不太克制自己的物质欲望。这应该引起我们的反思。

我写这本书，就是希望引起大家的思考，去改变这种现状。

我们研究外国文学，学习他们娱乐的方面太多了，但是他们那些真正有价值的思想，促使他们整个民族发展与进步的精神，我们还没有很好地学习过来。

《河上柏影》就是用大量的篇幅，在讲科学对自然的认知。我在这本书中，将知识融入故事中去讲述，将真正的细节知识呈现出来。

古希腊人说：“太阳之下无新事。”这是说当古希腊戏剧出现以后，将来就很难再出现新的戏剧内容了。为什么？因为他把所有的人物关系都已经讲完了。比如男人跟男人的关系，他可能是战友一起去出征，也可能是一对亲兄弟、表兄弟、堂兄弟，有可能是皇帝跟大臣，也有可能是情敌。我们将来再写新的男人的关系，也不会超出这些关系？

我们读古代的经典文学作品，比如《水浒传》，这本书中的人物关系就已经涵盖了所有。你很难再写出一种新的人物关系。既然写不出来了，那现在还创作文学作品是为了什么？那就是每个人的职业不一样，每个人的知识领域不一样，每个人的经历不一样、地域不一样，你要把这些细节写出来，写生动。不过现在很多小说作者只是为了单纯讲故事，急于讲故事，有时候过于片面。

古希腊人的预言还是失败了，因为我们今天还是在往前书写，还是有好的作品不断出现。这种好作品的出现，是因为我们和古人的生活内容不同了，而不只是人物关系不一样。除人物关系，我们还发现了人与自然的关系。

《河上柏影》就是通过记叙柏树所面临的生态危机，呼吁大家去保护自然。当然一本书，不应只有一个简单的主题。但它在探究人与自然的关系方面，还是走在了前列。

我也希望读过这本书的人都可以思考一下，我们与自然的关系。因为每个人都要在自然当中生活，重要的是，我们的子孙后代还要在这个自然当中生活。

我曾看到报纸上说，一个人为了积累财富，在太行山上，动员当地老百姓疯狂刨挖崖柏根。这是一个极不尊重自然的行为。从某种程度上说，人也是自然进化的一部分，当我们在刨掉自然界万物的根的时候，也在刨掉我们自己的根。

所以这本书就写了这样一个故事：一棵棵蓬勃生长了几百年上千年的树，

因为人类盲目的破坏，最后终于从我们眼前消失的过程。而这个故事，对我们每一个读者都有启迪。我们可以思考，我们在日常生活中是否也有这种过度的消费，造成对自然界的破坏。没有消费就没有杀戮。

《生命不能承受之轻》

负担越重，我们的生命越贴近大地，它就越真切实在。相反，当负担完全缺失，人就变得比空气还轻，就会飘起来，就会远离大地和地上的生命，人也就只是一个半真的存在，其运动也会变得自由而没有意义。那么，到底选择什么？是重还是轻？

导读：
活出生命的厚重感

《生命不能承受之轻》是法籍捷克裔作家米兰·昆德拉最负盛名的作品之一。

昆德拉从哲学的高度，用小说智慧给爱情这个古老的话题赋予了全新的阐释，传达了他关于世界和人类存在的深沉冷静的思索，抛出了诸如生命存在的轻与重、政治生活的媚俗、两性之间的灵与肉、遗忘、永恒轮回等具有思辨意义的话题。

小说从尼采的“永恒轮回”讨论开始：最沉重的负担压迫着我们，让我们屈服于它，把我们压到地上。自古以来，爱情总是扮演勾魂摄魄的宠儿。我们的主人公托马斯用一个比喻就把同情心熬成了醉人的爱情汤，女主特蕾莎的自然、柔弱无助，牵动了他最内在的那根弦，让他误以为自己就是她的救世主，非如此不可，从而为两个人一辈子的“轻”与“重”的纠缠种下可能。

托马斯是布拉格一名颇有名气的外科主治医生，医术高明；他离过婚，不认自己的亲生儿子，理由是要为见儿子付出不可预期的代价，不如不见这个自己无法改变其思想的血亲；他与父母断绝了关系，因他的父母更愿意同情自己的前妻。

失败的婚姻给托马斯留下的唯一东西便是对女人的恐惧，因此，渴望女人又害怕女人的他，坚持自己发明的“性友谊”原则。他与近两百个女性保持性关系（唯独在心灵上相契的萨比娜是他的故交），但拒绝和任何女子保持长期情感关系。

特蕾莎 15 岁辍学，是波西米亚小镇上的一个旅馆的服务员。她的亲生父亲因为母亲的出走变成了最伤心的男人，因为胡言乱语被投进监狱并死在狱中。她的母亲跪倒在骗子跟前，跟一个屡次犯罪的男人生活在一起，又生了三个弟弟妹妹。

七年前，特蕾莎家乡的医院碰巧发现一例复杂综合性神经病。他们请了托马斯所在的布拉格医院的主治大夫去会诊，可主治大夫碰巧坐骨神经痛，行动不便，于是派托马斯代替他去会诊。而托马斯刚好被安排在特蕾莎工作的旅馆里，特蕾莎也碰巧当班，为托马斯服务。正是这几个碰巧的机会让托马斯遇见了特蕾莎，或者是让特蕾莎认识了托马斯。

托马斯完成了任务，要回到布拉格去，特蕾莎陪他去了车站，把他送上火车。

十天后，特蕾莎去布拉格看托马斯，她在托马斯的公寓里待了一个星期。

就在这短短的一个星期里，托马斯慢慢感到了一种莫名其妙的爱。

托马斯为特蕾莎租了一间房子，又托自己的老情人萨比娜给特蕾莎找了一份工作——在一家周刊杂志社的暗室里打杂。

偶然间，特蕾莎翻看了萨比娜写给托马斯的信。此后每一天，特蕾莎都对托马斯的秘密生活有新的了解。导致特蕾莎总是做着日复一日地陷入深渊的梦。

这种生活，让托马斯生活的天平——“非如此不可”生活准则——被打破了，爱情带给他的大都不是迷醉的美好，而是无休止地对生命的轻与重及永恒轮回的思考和沉重的束缚。

捷克沦陷后，瑞士苏黎世医院院长邀请托马斯去苏黎世工作。他和特蕾莎，还有小狗卡列宁，来到了瑞士最大的城市——苏黎世。

托马斯很快以一个40岁男人的狂热，全力以赴地投入工作，开始了新生活，同时他还与情人萨比娜重新约会。他觉得：特蕾莎与萨比娜代表着他生活的两极，相隔遥远，不可调和，但同样美妙。

一天，特蕾莎接到一个女人的电话，她觉得有一种被嘲弄的感觉。于是，特蕾莎留下一封信，带着托马斯送给她的结婚礼物——小狗卡列宁走了，回布拉格去了。

当时的捷克已同世界上任何国家都断了往来，特蕾莎的出走已经是无法挽回的事实。

托马斯独自在苏黎世漫步，呼吸着自由的芬芳。在每个角落，都潜藏着诱惑。他又回到了单身汉的生活，回到他曾认为命里注定了的生活。

到了星期一，一切都变了。他感到从未曾有过的沉重，没有比同情心更为沉重的了。哪怕我们自身的痛苦，也比不上同别人一起感受的痛苦沉重。在特蕾莎离别后的第五天，托马斯向那个医院院长递交辞呈。他必须回到特蕾莎的身边。

特蕾莎从梦中醒来：她眼含泪花，感到说不出的快乐。

发现美好总是一种愿景，然而，困难与压力却是我们生命源源不息的动力，没有一件事情是容易与简单的，昆德拉以真挚细腻的文字向人们昭示生命的轻与重，让人想起这样一句话：“人固有一死，或重于泰山，或轻于鸿毛。”字字珠玑中，与昆德拉的生命的轻与重有着心灵的共鸣与深切的体悟。

托马斯回到动荡的捷克，在布拉格八十千米外的一家乡村诊所工作，后来又到了郊区一家诊所的候诊室当普通内科大夫。再后来，他成了一名玻璃窗擦洗工。

新生活给托马斯带来了他还从来没有感受过的不在乎的快乐！托马斯仿

佛又回到了过单身汉的时代。特蕾莎在酒吧上班，托马斯只有在每天夜里才能见到她，当她从酒吧回到家后，托马斯已经睡眼蒙眬。而早晨，特蕾莎还在沉睡，托马斯又得赶去干活。每天，他有16个小时由自己支配，简直是意外地给他送上了一片自由空间。

特蕾莎每天从酒吧下班回到家，差不多都是深夜一点多的时候。她走进浴室，穿上睡衣，在托马斯身边躺下来。看着睡着的托马斯，她突然希望，能像辞退一个用人那样来打发自己的身体：仅仅让灵魂与托马斯待在一起好了，把自己的身体送到世间去。如果她的身体不能成为托马斯唯一的身体，那么在她一生最大的战役中已经败北，只好自己一走了之！

她最终答应了一个工程师的第三次邀约。她意识到工程师的手只涉及她的身体，她的灵魂完全置之度外。尽管与工程师的风流韵事与爱情毫不相关，但特蕾莎的心里并没有如她所希望的那样变得轻松，了无重负！

特蕾莎知道，在爱情陷阱面前，托马斯从来不是安全的，特蕾莎只能每时每刻为他担惊受怕。

在精神不对等的婚姻里，软弱的那一方会活得疲惫而困顿，使得强大的一方也会被拽得狼狈不堪。特蕾莎爱得卑微，托马斯爱得狼狈，他们谁都不是谁的救世主，却死死地捆绑在一起泥泞前行……

所以，当特蕾莎又一次提出离开，他开着车，带着特蕾莎，还有小狗卡列宁，去了乡下，只有他和她的乡下，谁都不认识的乡下。在乡下，托马斯只是一个司机，特蕾莎负责牧羊，她逐渐体味到爱的真谛，同托马斯驱车到小镇上尽兴喝酒、跳舞，体验奇味的快乐，最后和托马斯一起死在车祸中。

特蕾莎的软弱是侵略性的，这一直迫使托马斯投降，直到托马斯最后完全丧失了强力，变成了一只她怀中的兔子。她意识到自己一次次地搬家，堂而皇之的理由是托马斯的不忠，而根源却是她对他自私的爱。

正是这种无比的痛苦，让她找回了对托马斯最真挚的爱情。在乡下生活的那段时光，托马斯和特蕾莎找到了轻与重的平衡点，他们的生活终于平和、安定了下来，他们之间的爱情也达到了某种和谐。这种和谐，是没有精神共鸣的、心死的、一种自我蒙蔽的和谐。

真正和谐的爱情，还是要有精神的共鸣、深度的灵魂沟通、互动的前行力量……否则，都是披着“爱情”的外衣的一种“绑架”。

小说里，托马斯最喜欢、最真诚的一位情人——萨比娜，是一个热衷追求“背叛”的画家。她始终认为，表面上是明白无误的谎言，底下却透出神秘莫测的真理。她的绘画作品都在传达着某种同样的东西，是两个主题、两个世界的即时融合，就像一些经过两次曝光制作出来的照片。

萨比娜 14 岁那年，爱上了一个与她一般年纪的男孩，却被父亲用极端的方式中断了。她喜欢毕加索的画，被她的父亲无情地嘲笑。作为美术学院的学生，萨比娜被要求成批制作国家元首的肖像，政治的强权主义也像一位父亲一样严格地限制她，禁止她的爱以及她的毕加索。

当苏联的坦克开到了捷克，她逃离了布拉格，逃离人们要强加在她生活中的媚俗。

移居日内瓦，为了能够戴一顶又笨又不实用的礼帽，萨比娜放弃了其他对她来说更多实用的东西。

正是这样一个喜欢“背叛”的萨比娜，最能理解托马斯总是不被理解的“性友谊”原则。

在托马斯众多的情人中，萨比娜是最忠诚的一位，也是最了解托马斯的人。萨比娜总是有强烈的背叛现实的欲望与激情，她是一个永不知停息的女人。她同托马斯一样，是“媚俗的对立面”，她选择让自己的人生没有责任而轻盈地生活，她讨厌忠诚与任何讨好大众的媚俗行为。

萨比娜每一次新的背叛，就像一桩罪恶，又像一场胜利，时刻在诱惑着她……

托马斯的生命就是在特蕾莎与萨比娜这样的轻与重之间摇摆，在摇摆中生存，也在摇摆中结束。

萨比娜戴着的那顶礼帽的意义，一直不被视萨比娜为精神女神的弗兰茨所理解。

弗兰茨是日内瓦大学的一名教授。他是个英俊的男人，正处于学术生涯的顶峰。可睿智而英武的弗兰茨却始终走不进萨比娜的生活。

弗兰茨对一切革命都怀有偏好。弗兰茨痴迷萨比娜，重要的原因是她来自捷克，来自一个被占领的国家，那里，最崇高的东西存留着：广阔的生活，冒险的生涯，敢作敢为，还有死的危险。

糟糕的是萨比娜对这出悲剧并不喜爱。“监狱”“迫害”“禁书”“占领”“坦克”一类词对她来说是丑陋的，没有丝毫浪漫气息。唯一使她感觉甜美、引起她思乡之情的词，是“墓地”。而对于弗兰茨，墓地只是一个倾倒尸骸和乱石的垃圾场。

一次，他们在某家旅馆里做爱，萨比娜夸赞着弗兰茨的肌肉和强大。弗兰茨扬扬得意于自己的肌肉与强壮，遗憾着没有利用这一强壮同人打过架。

“为什么不用你的力量来对付我？”她问。

“爱就意味着解除强力。”弗兰茨温柔地说。

弗兰茨到死都不知道，当他正在吹嘘和感慨自己的一身肌肉时，萨比娜已经给他判了死刑。弗兰茨也许强壮，但他的力量是向外的，在与他共同生活的人面前，在他爱的人面前，他显得软弱无力。弗兰茨的软弱也可以称为美德。

弗兰茨要进入的“天堂”恰是萨比娜想逃离的“地狱”。他要构建的世界，是她要消解的国度，他要追求的理想是她要背叛的梦魇。

所以，当弗兰茨离开自己的妻子，想要和萨比娜真正享受爱情的时候，他们爱情的大厦也就很自然地崩塌了，萨比娜选择了悄然离开。

对于萨比娜的不辞而别，弗兰茨并没有特别难过，看不见的女神萨比娜，比陪他周游世界和他总怕失去的萨比娜更能使他幸福。

他很快就接受了一个戴大眼镜的女学生的爱。几乎每个晚上，戴大眼镜的女学生兼情人都来陪他。他用不着殷勤侍候她游历世界，只需要从一个旅馆到一个旅馆，他非常享受这样的生活。

当弗兰茨接到那位几乎忘记了的朋友的电话，邀请他参加向柬埔寨进军时，他觉得那是萨比娜对他的秘密吩咐。因为，柬埔寨和萨比娜的国家一样，是一个被邻国军队占领了的国家，一个已感受到苏联巨掌重压的国家！

于是，他委屈了现实中的情妇，追随了精神上的女神。

然而，弗兰茨历经千辛万苦、好不容易到达了柬埔寨边界，得来的却是对岸一片震人心弦的沉默。如此绝对的沉寂使每个人的心都往下沉，只有照相机在继续咔咔响，听起来像一只异国的虫子在唱歌。弗兰茨有种突如其来的感觉：伟大的进军就要完了。

正当弗兰茨一个人走在曼谷的街上，专注地想着他的萨比娜、他的戴大眼镜的学生情妇、此次的柬埔寨之行时……一个劫匪打劫并杀死了他，有关他的一切就这样结束了。

他的妻子克劳迪料理了一切，他的情人——戴大眼镜的女学生只能躲在角落里哭晕过去，自己默默打掉孩子。

小说中的弗兰茨是个聪明、正直、善良却又充满软弱之人，对富有激情的萨比娜充满好奇，陷得无法自拔，通过萨比娜获得了新生和自由，他满足了尘世间情人愿望，但缺少天堂之爱，他追逐梦想到柬埔寨边境，死于抢劫的蟊贼，死得轻于鸿毛。

萨比娜定居巴黎的三年后，收到了一封布拉格的来信，是托马斯的儿子写给她的，他告知了托马斯与特蕾莎死掉的消息。这消息让萨比娜无法平静。她与过去之间的最后一丝联系也断了。

她开始一次次想起他们，想起托马斯、想起特蕾莎、想起弗兰茨……于是萨比娜又逃离了。

十年后，她生活在美国。她遇到了一位老人，他富裕而且爱画，他的土地上有一间旧马厩。他为萨比娜把马厩改建成画室，而且每天都目随萨比娜的画笔运行，直到黄昏。

萨比娜知道她与这老人过的日子只是一个短暂的间歇。老头病得很重，一旦撇下他的老伴去了，老太太将去加拿大跟儿子一块儿过。那么，萨比娜的背叛之途又将在别的什么地方继续。

她爱美国，但只从表面上爱，表层下面的一切对她都是异己的。脚下的泥土里没有爷爷和叔叔，她害怕自己被关进坟墓，沉入美国的土地。于是，她写了一份遗嘱，请求把她的尸体火化，骨灰撒向空中。她想用自己的死来表明她的轻，她将比大气还轻。正如巴门尼德曾经指出的，消极会变成积极。

我们任何的人生选择，对也好，错也罢，轻也行，重亦可，在做出了决定的那一刻也就已经走在了不可回头的人生路上。如果能够伴随责任道义做出选择，既不泯灭心中对自由的向往，又能以勇敢的姿态承受生命的重担，在轻与重的徘徊之中寻找到属于自己的平衡点，我们就可以背负责任勇往直前，慷慨而从容、智慧而宽宥地活出生命的厚重感。

马家辉：

你解放了，但，又如何

这篇文章要解读的是一部经典小说，当然也是经典作家所写的。这位作家是米兰·昆德拉，捷克裔的法国作家。他 1975 年才从捷克流亡到法国，用法文写作，当然他前面用捷克语——他的母语——来写作，只是后来他不用捷克语写作，转而只用法文写作了。他也认定自己为法国作家。现在我们来谈一谈他的经典名著《生命不能承受之轻》，也有不同的版本倒过来翻译为《不能承受之生命之轻》。

轻，不是轻浮的轻。

这本书写成于 1982 年，直到 1984 年才用法文出版。他先是用捷克语写成，然后才有英文版和其他版本。在这本书以前，昆德拉也写了其他的小说，《玩笑》《笑忘书》《生活在他方》《生活圆舞曲》等，但却是《生命不可承受之轻》奠定了他大师级、殿堂级的地位。

米兰·昆德拉透过这本书探讨人类存在的意义和尊严、权利。他带我们思考：到底我们能有多大的自主的权利，安顿自己在世界，在宇宙，在整个生命河流里面的位置？这部作品是他最畅销的，也是他的成名之作。出版这部作品之前，他只是小有名气，出版之后，他才声名大作。

昆德拉曾经说，出名这件事情，当时给他带来了很大的烦恼。因为名气侵夺了他很多的时间，他要接受媒体的采访，还要不断地回应别人对他的评论。但到了后来，他懒得回应了，因为人越出名，有时候越不稀罕回应。所以他说，如今，我只在乎自己的看法。

他曾经打过比喻：成功就像一场可怕的灾难。比一个人家里失火还要糟糕。因为名声会将灵魂的空间全部毁掉、吞掉。

这本书问世的时候，我还在大学读书，那时候年轻，当时听大家都在讨论这本书，我就买来看，一看就着迷了。

这本书不难读，毫不艰涩，有时候西方翻译小说很难读，不是因为翻译得不好，而是因为有些大师的写作方式有一点让你故意读不懂的感觉。好像他们是在跟读者过不去，其实是因为他们的思考太复杂，必须用复杂的方法来表达。这类书你可能看十页，然后就睡着了，勉强睡醒了，刷牙洗脸，再看十页，又睡了……

可是昆德拉的书好懂，这本书就是个经典的例子，你可以一边读，一边惊叹，一边笑，一边感慨。你们会开阔眼界，会反省：什么是爱，什么是性？性的内涵是什么？性里面的自由在哪里？性里面的暴力在哪里？像这本书里面有很多对性的描述和思考，比如，里面会提到“缺乏了暴力的性完全没有意义”；性的快感，与其说来自动作，不如说是来自幻想和想象；性的暴力既是对别人的暴力，亦是对自己的暴力。

还有，性可以帮助你探索生命。如，里面写到一个女人萨比娜，一个很喜欢和不同的男人上床的女人，不断追求性爱快乐。她对性的看法是，她和不同的男人在床上裸体的时候，最想看的不是对方的身体，而是自己的。在性爱里面，她可以把自己的身体展开，从而让对方接近。这时候，不仅眼睛会看到，心理上也更能理解自己的身体所传达出来的欲望。因为一个有欲望的身体和一个没有欲望的身体所展现出来的美学和形态是不一样的。

她最享受这样的过程，当然她也享受爱情。性的欲望给她带来自主的权力，还有自由。

用昆德拉的说法是，性爱里面所感受到的那个“轻”，轻浮的，轻轻的，没有重量的轻，轻从“重”里面解放了存在的意义。“重”，有人说是沉重、严肃，但，重量真的是好的吗？轻浮真的是不好的吗？轻浮是不是也代表了自由的空间、自由的希望，而有了自由，你才能往上升华，才能飞起来，才能轻飘飘起来？昆德拉通过他的故事让你思考这些问题。

可是，反过来说，轻真的那么好吗？问题是，有了轻以后，有了自由以后，你怎样去安顿、处理呢？怎样追求自我的真善美？这本书透过精彩的叙事引导我们一起思考。

这确实是一部非常吸引人的小说，有时候是讲故事，讲情节，有时候则是作者本人直接跳出来高谈阔论，像现代的视频弹幕一样，提出了或好玩或深刻的作者点评。所以，读这部小说，仿佛一位有智慧的大师陪你说话。我们经常说金圣叹点评四大奇书，很值得看，但不妨也读一些有智慧、有幽默感的外国作家的点评，昆德拉就是这样有趣的作家。

初读这书时，我 20 多岁，对于浪漫爱情、性自由、反叛、抗争等议题特别敏锐、特别爱读。比如，主人公托马斯，经常乱搞男女关系。他说每个女人 99% 都是一样的，“我只是想追求、探索、解开那每个女人的 1% 的不同在哪里”。

20 多岁的男读者，像当时的我，当然一看到这些情节、评论、思考就眼睛一亮了，荷尔蒙出来了，马上读。我还记得自己一天没动，吃了三个盒饭，早中晚，一口气把它读完，然后，脑海里好像有很多声音在说话、在翻腾，思考得很不一样。后来的几十年里，在生命的路途上，偶尔也会回想起里面关于性爱、关于自由、关于权力的思考。这本书让你在不同的年纪去读它，往往有不同的解读的角度跟感想。

这本书就是讲两个男人、两个女人，还有一条狗的故事。这两男两女关系很乱。当然小说中的人物不止他们，但以他们为主。小说主人公就是上面提到的托马斯，他是个医生。故事发生在1967年的捷克布拉格。我们知道“布拉格之春”有许许多多抗争，但都被苏联压制了，主人公也因为政治问题，阴错阳差闯了祸，打乱了生活。

他固定情人是一个喜欢透过欲望来探索自己身体的女人。他妻子也有自己的情人，是教授弗兰茨。而这个教授也有妻子，用现在的话来说，他就是一个渣男。这几个男女各自追求自己的情欲，乱七八糟。主人公的情人曾说：“我喜欢背叛，因为背叛就是探索生命里面的未知，是探索尚未知道的那个部分，尤其是探索自己的灵魂、自己的身体和自己的欲望。”

所以说，背叛是个好东西。甚至，有时候为了强烈地去感受自己的探索快感，你没法不背叛自己。明知道背叛不对，但还要背叛，而且找不同的男人，然后再回到原来的男人身边。她就是这种肆无忌惮为自己而活的女人。

但主人公也有爱的一面，他很疼爱妻子。故事到了最后，主人公受到了政治的压迫，可是他也有所坚持。他不像许多人一样签这个声明那个声明，有时候是为了自己的政治理想，有时候只是为别人着想，为了他的妻子，为了他的情人，不想连累她们。他和妻子后来住到了乡下，带着一条狗。之后，那条狗死掉了。故事发展到最后，他们也死掉了。

昆德拉写这部小说用了音乐的思考方法，他觉得小说和音乐一样，最重要的艺术成分在于“对位”。这是他对小说看法的重点，等于是昆德拉的小说美学。他深信小说是不得了的艺术，是至高无上的理性的综合体，是美感，也是理性。昆德拉曾引述另一位作家的说法：“小说是人类对世界整体表示怀疑的最后一块宝地。”我觉得这句话非常动人。

这句话用通俗的语言来说，就是我们必须怀疑：眼见的这些是真的吗？不管是眼见的、听到的、想到的，所有好像密不透风的、自圆其说的各种生活层面上的说法现象，是真的吗？是完整的吗？是真的逻辑分明的吗？只有小说家能够透过细节的想象和文字的再现对所谓现实提出怀疑。所以说，小说是怀疑世界“整体性”的最后一块宝地。

对昆德拉来说，小说的核心学问在于：准确地呈现“唯有小说才能发现的东西”。通过小说情节，去点出生命里面只有通过虚构才能去探索的种种不可知的、可能的真相。真相永远不止一个，甚至，小说迫使我们面对一个问题：到底什么才是真相？什么才是事实？确实有真相和事实吗？

我们对于事实和真相的追求，其实有时候是一种虚构的欲望，小说可以帮助我们来反省这个问题。小说里面，人的各种想法，故事对白，甚至小说人物的梦，有助我们重新解释生命。这是昆德拉的小说美学和他对小说意义的认定。

昆德拉认为小说艺术有三项关键要素。

第一个是要彻底地去除“非必要”的东西，这是为了掌握现代世界的复杂性，而又不会失去结构上面的清晰。必须把一些不需要的东西去掉，不管是思考还是语言。

第二个是追求小说的“对位性”，跟音乐创作一样，追求对位，可以把哲学、叙事、理想放进同一首曲里面，各有不同的部分，却又彼此不可欠缺，不可失去彼此。各元素看起来好像不相干，比如《生命不能承受之轻》，作者大概用了2000字描写托马斯的生活怎么样乱，然后中间又跳出来昆德拉自己的梦或者说自己的评论，然后突然又跳了3000字描写托马斯的情人跟另外一个教授的关系，或者喝咖啡或者谈事情，或者拍照看电影，之后又跳出来1000字昆德拉的引述，谈不相干的历史中的一些人物和对话。看起来这些情节互不相干，其实它们都像音乐，互相暗暗支撑和推进。这是小说在对位法上的一个写作策略，看起来好像支离破碎，但其实是非常深刻的一种表达方式。

第三个是他期待小说美学具有“随笔感”，小说可以有不同的系列和层次的反讽，不必刻意宣称要传达什么绝对真实的信息。可是，你其实是引领读者去思考、观看、感受生命的各种信息，追求每个人心中的不同想象。不仅是这本书，昆德拉的其他作品都是这样的一种写作风格。昆德拉说：“我这辈子最渴望的是什么？就是把极端严肃的问题和极端轻薄的形式来结合。”他就是在这种基调上面来开展他的小说的创作。所以，读昆德拉，不能只读一本《生命不能承受之轻》，因为他每一本书的母题基本上都是相关的、互相切换的，甚至连书名都可以取代。对他来说，创作是怀疑世界现实的“整体性”，但创作本身，自成“整体性”。

昆德拉的小说，反复强调一组母题，其实说来也就是这本书里所表达的轻重、灵魂、肉体、伟大、卑微。还有特别在情节里面多次提到的粪便和媚俗。什么叫媚俗？媚俗就是对于粪便的否定，不承认这个东西就是媚俗。媚俗有它的美学，可是媚俗就是不承认有大粪的丑恶。

昆德拉在小说里提出了各种的思考角度，并且追问：我们应该如何思考这些和自己之间的关系？这是昆德拉在不同的小说里面要处理的问题，所以我刚才说不能只看他的一本书。其他的小说，如《玩笑》《笑忘书》《生活在他乡》《不朽》《生活圆舞曲》等，其实都在处理这些主题。这让我想起伟大的欧洲导演桑·雷诺瓦，他说过，所有伟大的艺术家，不管他一辈子拍了多少部电影，其实他只是在拍一部电影。昆德拉也是一样，他处理的就是那些困扰他的，界定他的，也帮助他的，去面对生命存在意义的那几个少数的关键议题。当然，你可以倒过来说：那么我能不能说读完一本昆德拉等于读了所有的昆德拉？那好吧，假如你要这样读一本就够了，那就只去读一本，但我保证，你一定会错过太多精彩的昆德拉。

当我读《生命不能承受之轻》的时候，除了那些谈论什么叫存在，什么叫轻，什么叫重的意义，这些无形的抽象的议题以外，我还很喜欢很多情节里的“小装置”。小装置，小物件，小东西，小人物或者小生物，昆德拉透过它们来展现生命的意义。比如，书里面有一顶欧洲流行的古典圆礼帽，有一次托马斯跟他情人在一起的时候发现了那顶帽子，那顶帽子是情人的父亲留下来的遗物，她穿着像维多利亚秘密类的内衣，戴着那顶帽子在镜子前面左看右看，然后，托马斯慢慢走过去。他们互相拍照，戴着那个帽子做爱，非常暧昧。

我还特地为了这本书去布拉格旅行，因为这个故事毕竟发生在布拉格。后来我写过一篇小文章，标题是“托马斯先生，你在哪一扇窗的后面？”那篇小文章是我想象在哪一幢老房子的木窗木门后面，此时此刻，其实托马斯正在跟他情人裸体。女的穿着内衣，还戴着那顶圆礼帽，热热地做爱。我透过幻想去体会那种浪漫的感觉，可是昆德拉想写的当然不仅是浪漫，也不仅是色情或者情色，因为它里面有说这顶帽子的象征意义，它象征着权威，象征一个传承。那是一个沉重的东西，可是在一个沉重的东西上面，他们找到最轻的快感，轻到可以飞起来，觉得好像整个人变得不一样了，彼此用着陌生的语言在说话。

昆德拉把圆礼帽之类小装置、小物件穿插在他的小说里，还有小生物，像书中的那条狗。故事近尾处，托马斯变乖了，跟他妻子归园田居，后来家里的狗死掉了，它的最后一个微笑，很温暖、很温柔，象征了他们两个人对于生命意义重新找到和谐。可是，这又是那么哀伤，这里躺着一条温柔的狗，居然会带着那么好看的笑容而去，那么，是不是说，生命只有在死的时候才能找到解放？死亡代表什么？在死亡面前，你生命中的种种灾难是什么呢？

昆德拉先生还说到梦。比如，有一组剧情说托马斯的妻子特蕾莎梦到飞机场有三个男人，好像警察，他们在追着她丈夫，然后，她老公倒下了。

倒下之后怎么样？身体缩起来，缩到最后变成一只小小的兔子，其中一个男人把变成小兔子的他交给了她。她把那个兔子放进自己口袋，好像很安全，可是也很哀伤。昆德拉严肃地指出：恐惧跟哀伤不太一样：恐惧里面没有美。恐惧是我们看到一种未知事件的爆裂强光，很恐怖。相反的，哀伤必须以我们知道为前提，里面是有美感的。在哀伤里，我们会发现世界笼罩在一片蓝色的柔光之中，万事万物从来不曾如此美丽。

那这个梦其实也是特蕾莎的隐隐愿望，就是让她丈夫变成一个根本不是自己的自己。这就可以说起我为什么在不同的年龄里读这本书会有不同的感觉。

我年轻时读这本书，主要把它当作浪漫故事来读，但后来几十年自己也经历了从少年到中年到现在中老年的各个阶段，现在 50 多岁了，尝过婚姻和爱情关系里的种种高兴、狂喜、悲哀、失望、伤害、背叛，所以，对于小说里的某些场景对白有了和以前不太一样的感觉。以前忽略的，现在觉得深刻。以前视而不见的，现在觉得突出。

比如，书里写一个教授弗兰茨和一个年轻的女学生交往。昆德拉说，弗兰茨这个可爱又老实的教授，抵挡不住自己的中年危机，掉进了一个可怜的姑娘的手掌心，她甚至说不上漂亮，但是一个 50 岁的中年人弗兰茨却为了一个年轻的肉体而出卖了灵魂。只有他的妻子知道弗兰茨为此受了多少苦，当然其实他的妻子受了更多的苦。后来，弗兰茨死了，他的妻子就从他的死亡中找到了轻盈的快感，却又同时找到了“永恒的夫妻的哀鸣”，这的确很悲哀。

昆德拉还说，弗兰茨死前不需要再说谎了，因为，男人在死前就只想见到妻子，他对她说不出话来，但是他用眼神向她表达了感激，他的眼睛向她请求原谅，而她，也原谅了他。

这些都不是年轻时候的我所能理解的，现在却可以理解了。可是，可以理解了又怎么样？世界上很多事情是回不去的，一如小说中的弗兰茨。只好等下辈子重来，做个好人，就像张爱玲的《红玫瑰与白玫瑰》中最后一句话，“那个男主角，振保，第二天睡醒了，改过自新，又是一个好人”。

《麦田里的守望者》

有那么一群孩子在一大块麦田里玩。几千几万的小孩子，附近没有一个大人，我是说——除了我。我呢，就在那混账的悬崖边。我的职务就是在那儿守望。要是有哪个孩子往悬崖边来，我就把他捉住——我是说孩子们都是在狂奔，也不知道自己是在往哪儿跑。我得从什么地方出来，把他们捉住。我整天就干这样的事，我只想做个麦田里的守望者。

导读：

青春的史诗，反抗成人世界的宣言

《麦田里的守望者》是一部关于成长的长篇小说。马家辉老师在解读中说："假如你在《麦田里的守望者》中读出愤怒，希望你往更好的、光明的、守望的方向走，不要做一个麦田里面的毁灭者。"

那什么是毁灭者，又怎样做才能算得上是一个"守望者"呢？

在解读之前，想先问两个问题：你经历过叛逆期吗？你在叛逆期的想法又是什么样的呢？

之所以这么问，是因为本书的主人公，就是一位叛逆的少年。他的名字叫霍尔顿，出身于纽约一个富裕的中产阶级家庭。老师和家长强迫他好好读书，为的是出人头地，以便将来买辆凯迪拉克。而在学校里，同学们一天到晚谈论的，全是女人、酒和性。他看不惯周围的一切，根本没心思用功读书，因而总是挨罚。到他第四次被开除时，他不敢回家，便只身在美国最繁华的纽约城游荡了一天两夜。他住小客店，逛夜总会，召唤妓女，在电影院里百无聊赖地消磨时光，与此同时，他的内心又十分苦闷，企图逃出虚伪的成人世界去寻找生命真正的意义。这种精神上无法调和的极度矛盾最终令他彻底崩溃，躺倒在精神病院里。

全书通过这位少年的自述，讲述了他在青春叛逆时心里的种种想法。这本书之所以影响很大，是因为很多人都在书里找到了自己的影子，更好地了解了曾经年少的自己。

许多评论认为，这本书是作者本人的写照。作者杰罗姆·卫·塞林格是一位美国作家，父亲是做干酪和火腿进口生意的犹太商人，家境相当富裕。塞林格 15 岁的时候，被父母送到宾夕法尼亚州一所军事学校里读书，《麦田里的守望者》中有许多关于寄宿学校的描写，很大部分是以这所学校为背景。

《麦田里的守望者》从 1951 年出版以来，霍尔顿这个厌恶虚伪的少年形象，竟然被千万读者看成是迷人的英雄，文中崇尚自由的语言，受到了读者热烈的追捧和欢迎。不仅学生们争相阅读，家长和教师们也把它当成“必读教材”，用来窥探当代青少年的心事。

这本书刚在日本面世时，村上春树还只是一名高中生，在班上一位女同学的极力推荐下，他读了这本书。据村上春树回忆，当时的年轻人如果没有读过《麦田里的守望者》，简直无法与同龄人进行交流。

这本书的主线是霍尔顿离开学校三天时间里的经历。书中有两个大的场景，一个是主人公就读的潘西中学，另一个是主人公离开学校之后流浪的大都市纽约，它们有着各自的象征意义。潘西中学象征着主流的社会文化传统，这所学校事实上是专门为有钱人家的孩子开设的。学校的招生广告非常招摇，大肆宣称“自从 1888 年起，我们就把孩子培养成优秀的、有脑子的年轻人”。

小说的另一个环境——纽约是战后“垮掉的一代”人的聚集地，人们崇尚及时享乐和纵欲主义，试图从堕落中寻找出路。

那么究竟什么是“垮掉的一代”呢？“垮掉的一代”是指在第二次世界大战后风行于美国的一种文学流派。这个流派的作家们都是性格粗犷豪放、落拓不羁的男女青年，他们活得十分简单、不修边幅，喜欢穿各种稀奇古怪的衣服，不喜欢学习更不喜欢工作。他们拒绝承担任何的社会义务，整天以浪迹天涯为乐趣，蔑视社会的法纪秩序。他们永远在追求新的刺激，追求绝对的自由，他们纵欲、吸毒、沉沦，以此向体面的传统价值标准来进行挑战，因此被叫作“垮掉的一代”。

而“垮掉的一代”之所以会出现，是因为在第二次世界大战后，美国成了经济、军事都领先的“超级大国”。在那个时期出生的美国人，没有经济等方面的压力，只能从堕落与刺激中寻找一种特立独行的生活方式，借以反抗社会。

接下来我们就一起来走进这本《麦田里的守望者》主人公霍尔顿的精神世界。

16 岁的中学生霍尔顿，出身富裕，在贵族学校念书。他的个子比常人高一头，整日穿着风衣，戴着猎帽，游游荡荡，不愿读书。因为他对学校里的一切，包括老师、同学、功课、球赛等，全都烦透了。

有一天，霍尔顿和室友打了一架，然后趁着深夜离开了学校。他跟室友打架是因为室友找他借衣服，出去约会女生。而实际上，这个为了约会而打扮得光鲜亮丽的室友，私底下却邋遢得要命，这让霍尔顿觉得特别虚伪。

另一个原因是，室友去约会的女生是霍尔顿的旧相识。这个女生叫琴，以前有段时间住在霍尔顿的隔壁，两人甚至有过亲密的接触，直到现在，霍尔顿还保留着对琴的好感。穿我的衣服，约我喜欢的女孩，年轻气盛的霍尔顿当然不能忍。特别是听到这位好色的室友讲述他跟琴的那些事，霍尔顿更是恼火，一言不合便大打出手。

打完之后，看到自己满脸的血污，霍尔顿有点儿害怕，又有点儿小小的兴奋，因为这些血污竟让他看起来酷极了，像个英雄好汉。

冲动地打完了室友之后，霍尔顿离开学校，去了纽约城，因为他家就在纽约城。但霍尔顿不敢贸然回家，如果家人知道他又被开除了，肯定又免不了一顿责骂。于是他只身在美国最繁华的纽约城游荡了一天两夜。

当天深夜霍尔顿住进了一家小旅馆。在旅馆里，霍尔顿看到的都是些不三不四的人，有穿女装的男人，有相互喷水、喷酒的男女，他们寻欢作乐，忸怩作态，使霍尔顿感到恶心和惊讶。

在这里要解释一下，《麦田里的守望者》这本书中表现的社会是一个道德堕落的社会。而在这种全社会的堕落中，个体的堕落却实际上是一种深层次的反抗。

就像霍尔顿，他以一种近乎“自暴自弃”的方式反叛着现实社会。他先是因为无聊，去夜总会厮混了一晚。夜总会里的曲子将音乐“糟蹋得一塌糊涂”，但观众们却纷纷鼓掌欢呼，这种惺惺作态让霍尔顿恶心得想吐，同时为那些真正的音乐大师们感到不值和悲哀。

从夜总会回旅馆时，霍尔顿心里仍然觉得十分烦闷，让一个电梯工帮他叫来了一个妓女。

霍尔顿找妓女这件事，既表现了他对成人世界的厌恶，又体现出他在向成人世界靠拢的现实。霍尔顿本身就是个矛盾综合体，他一边厌恶着成人世界的虚伪混乱，一边又难以摆脱这种诱惑，他心比天高、厌恶世俗，却仍旧只有一个小孩子的身体和力量。

霍尔顿想要的和他能够得到的无法匹配，这也是他失落沮丧的原因。

夜总会厮混的第二天，霍尔顿上街四处游荡。出门前，看到昨晚那些在夜总会男扮女装的、寻欢作乐的人们到了早上，全都摇身一变，成了谦虚谨慎的君子和淑女。

这些现象显示出了当时美国社会的面貌，以及《麦田里的守望者》的写作背景。20世纪50年代的美国，刚刚赢得了第二次世界大战的胜利，成了一个政治、经济和军事大国。在这种社会背景下出生的一代人从小生活优越，没有压力，人们虽然物质生活丰富，但精神世界却是一片荒原。

经历了一连串糟糕事情的霍尔顿，在车站吃早饭时遇到了两个让他暂时从堕落的边缘悬崖勒马的人。她们是两位修女，其中一个身上带着一只募捐用的草篮子。

霍尔顿对修女说，如果你们是出来募捐的，我也许可以捐几个钱。或者你们不妨把钱收下，等到你们将来募捐的时候就算是我捐的。修女们同意了，霍尔顿捐给她们十块钱，不仅连连道谢，还不住地问霍尔顿捐这么多要不要紧，反而弄得霍尔顿很不好意思。由此可见，霍尔顿并不是一个愤世嫉俗的人，遇到真善美的人和事，他也会以真善美回报对方。

与修女们相遇后，霍尔顿接着去赴一位叫“萨丽”的女友的约会。

这个萨丽和琴一样，也是霍尔顿的旧相识，但霍尔顿打心眼里却并不怎么喜欢萨丽。虽然他们已经认识好几年了，也有过很多亲密的接触，但他从心里厌恶萨丽的做作。

在去找萨丽的路上，霍尔顿看到了一家三口，孩子的父母一边讲话一边走，一点儿也不注意他们的孩子。那个孩子不在人行道上走，而是在大马路上走，一边走还一边哼着歌，唱着“你要是在麦田里捉到了我”……汽车来去飞驰，刹车声响成一片，他的父母却一点儿也不注意他。看见孩子可以如此自由欢乐，家长没有阻拦孩子的天性，这让霍尔顿的心情明朗了不少。

这两位父母对孩子的态度，影射了书名“麦田里的守望者”中“麦田”的含义。“麦田”不是代表农夫对麦田的经营，而是象征着童年、友谊、亲情、爱情，以及一切值得我们守望到地老天荒的美好的事物。父母应该给孩子们足够的自由，让他们可以欢乐地哼着歌走在路上。社会上来往的车辆与行人也要满怀善意，及时刹车和停步，以此来避免对孩子们的伤害。

在纽约城，霍尔顿去见女友萨丽，本以为这一次约会自己会非常开心，而事实却是，萨丽的虚情假意，让血气方刚的霍尔顿感到厌恶。他也不愿意将这种厌恶藏着掖着，而是在见到萨丽之后毫不避讳地，直接说出了口。因此，他们吵了一场，分了手。

书中霍尔顿第一个女友琴和第二个女友萨丽，对霍尔顿而言，有着不同的象征。萨丽象征着现实社会中的性关系，而琴象征着柏拉图式的爱情。因此在霍尔顿眼里，萨丽是肉体的欲望，而琴是完美又虚幻的，是他理想世界中的精神伴侣。这两个人的存在，也揭露了霍尔顿情感上的矛盾。

与萨丽分手后的霍尔顿偷偷回到家里，向自己的妹妹诉说自己的苦闷和理想。他对妹妹说，将来他要当一名“麦田里的守望者”。“就站在那混账的悬崖边，我的职务就是在那儿守望，要是有哪个孩子往悬崖边奔来，我就把他捉住——我是说孩子们都在狂奔，也不知道自己是在往哪儿跑，我得从什么地方出来，把他们捉住。我整天就干这样的事，我只想做个麦田里的守望者。”

到这里，“麦田里的守望者”真正的含义也就露出了水面。“麦田”和“守望”都取自象征意义。麦田可以象征童年，也可以象征友谊、亲情、爱情，象征值得我们守望到地老天荒的一切美好的事物。守望则象征着一种发自内心的保护，那就是几千几万个小孩子在麦田里玩游戏，附近只有霍尔顿一个大人。当孩子们迷茫、不知道往哪儿跑的时候，霍尔顿就站在悬崖边守望着，一旦有孩子往悬崖这边跑过来，他就把他们捉住，保证他们的安全，保护他们的天性。霍尔顿对妹妹说的这段独白是《麦田里的守望者》这本书中最珍贵、最经典的内容，不仅揭示了书名的真正含义，也倾吐了这位桀骜不驯的少年真正的内心世界。

父母回家之后，霍尔顿不得不溜出家门，去他尊敬的一位老师家里借宿。这位老师本来是五门功课足足有四门不及格的学生霍尔顿的希望，最后却也是这位老师让霍尔顿对这个虚假的社会再一次感到失望。

这位老师曾经对霍尔顿说：“一个不成熟男子的标志是他愿意为某种事

业英勇地死去，一个成熟男子的标志是他愿意为某种事业卑贱地活着。”这句话一直留在霍尔顿的脑海里，并深深影响着他。霍尔顿之所以想要成为麦田里的守望者，也正如这句话所言：“为了守护在麦田里的孩子们而卑贱地活着。”可是在老师家里借宿的晚上，这位男老师竟然对霍尔顿亲热地动手动脚，吓得霍尔顿偷偷逃了出来。

这一连串的“事故”，让霍尔顿对社会极度失望。他不想再回家，不想再念书，甚至不想再与他人说话，于是他决定装作一个又聋又哑的人去西部谋生。这样，他就听不到社会上令人作呕的声音，也不用再跟他厌恶的一切人说话交流。到了西部，谁也不认识他，他可以重新开始，试着活得简单而快乐。

在临走前，霍尔顿想再见妹妹一面，便托人给妹妹带去一张便条，约她出来见面。令他没想到的是妹妹决定要跟自己一起去西部。霍尔顿左劝右劝，始终拿妹妹没有办法，便只好放弃了西部之行。他放下了叛逆，乖乖跟着妹妹回了家。回家之后，却因为精神上无法调和的极度矛盾状态，使得自己最终彻底崩溃，躺倒在精神病院里。

塞林格给《麦田里的守望者》安排的结局是一个开放式的结局，关于霍尔顿最终的归属，每位读者都可以表达自己的看法。

这部小说之所以评价很高，在于塞林格对人物心理的深度剖析。他非常细腻地刻画了主人公霍尔顿的矛盾心态，描绘出霍尔顿复杂的精神病态。

比如霍尔顿明明心里喜欢琴，却不打算联系对方，只会跟和琴约会的室友打架。明明不喜欢萨丽，却约萨丽出门玩，吵完架后还厚着脸皮上门求和。这是霍尔顿在处理情感上的矛盾之处。

再比如霍尔顿一边厌恶着社会上虚伪的男男女女，厌恶夜总会的夜夜笙歌，一边却乐此不疲地参与其中，甚至通过找妓女来消解内心的烦闷。这是霍尔顿在原则问题上的矛盾之处。

此外，霍尔顿厌恶一切假恶丑，崇尚修女、小孩子之类的真善美。一边任凭自己堕落于浮躁的社会，一边却高尚地试图守望那些跟他一样的小孩子。这是霍尔顿在现实与理想中挣扎的矛盾之处。

重重矛盾编织成了一张巨大的网，将霍尔顿紧紧束缚。他一直在试图挣脱，无奈这张网却越收越紧，霍尔顿也因此走上了精神崩溃的结局。

在《麦田里的守望者》出版后，霍尔顿成了一位大明星，对他的评价也有很多。德国学者汉斯·彭纳特曾说，霍尔顿是孤独的，他的心中有两个世界：一个是由室友、妓女、对他动手动脚的老师等人所代表的丑陋世界，另一个则是由妹妹和修女等人所代表的纯洁、美好的世界。霍尔顿因为发现后一种世界的日渐消失而感到孤独。

《麦田里的守望者》告诉那些处在叛逆和迷茫中的年轻人，你不是一个人，还有一个人跟你一样，哪怕他只是一个虚拟人物。这个虚拟人物就是霍尔顿，他拼命想在这个纷乱压抑的世界里去寻找一个出口，想装聋作哑，想远离这个媚俗的世界。其实，霍尔顿渴望有一个“麦田里的守望者”来守护自己，把自己从罪恶的泥淖里拉出来。当他在社会上找不到他想找的那个人时，霍尔顿便把自己变成一位麦田里的守望者，换个身份和角色，转而去守护那些像他一样需要被保护、被释放天性的孩子们。

很多人在年轻时都会有愤世嫉俗的感觉，感觉自己被套牢了，身边的人太虚伪。也许随着人的成长，这种感觉会慢慢消失，因为人们后来学会了心安理得地接受一切；但也许它会持续，因为有些人像霍尔顿一样愿意忍受痛苦继续思考。

昆德拉说，美就是被背弃的世界。这本书告诉我们，美与丑是相辅相成的，美丽往往存在于丑陋遍布的地方。就像花开的地方越是荆棘重重，杂草丛生，花朵就越是开得娇美鲜艳，热烈红火。

现在我们终于可以回答什么是“毁灭者”，什么是“守望者”了。“毁灭者”就是像霍尔顿的室友、装腔作势的女友萨丽，以及社会上形形色色的男女那般虚伪、表里不一的人们。这些“毁灭者”，共同组成了昆德拉口中那个“被背弃的世界”。但与此同时，在这个假恶丑的“被背弃的世界”里，还存在着一些真善美的人和事物。一如一心想“守望”他人的霍尔顿，以及霍尔顿心中那些值得“被守望”的存在：象征完美主义的琴、善良和蔼的修女、天真无邪的妹妹和那些活泼自由、还没被社会污染的孩子们。他们在假恶丑的世界里，定义了真善美的标准。让霍尔顿这个“守望者”，真心想要保留住他们的纯洁与可爱。

在霍尔顿的“守望”中夹杂着愤怒与迷茫，但也满怀善意和希望，这份希望，就藏在无边无际的金色麦田里，藏在有人守望的悬崖边上。无论世界如何，一个人内心拥有“守望”，就不会迷失方向。

马家辉：
做一个光明的守望者

在解读这本书之前，我先说一段陈年往事。1990 年，我在美国芝加哥大学读研究生，还记得刚去不久，社区旁边，校园里面会经常出现一个年轻人，也许他年纪比我还大，要知道外国人老得很快，反正很难说准他的年龄，看起来像 30 多岁吧。

那时候已经有一些美国同学提醒我，碰到他最好低着头走，转身拔腿就跑，避开他。他经常戴着一顶红色的帽子，好像我们看美国电影，美国人出去打猎的时候都穿的牛仔的夹克，然后戴着的帽子两边垂下来护住耳朵，后面也有一条帽子尾巴，很像打猎的猎人帽。

这个家伙戴的帽子是红色的，好像血一样的鲜红色，怪怪的。我见过他几次去超市买东西，有一次迎面跟他碰见，他的眼神让人觉得是有些精神恍惚的样子，看起来的确不应该太靠近。

同学称他为霍尔顿，我那时候觉得很耳熟，可是又忘记这个名字哪里来的，再问一下同学，才知道，原来霍尔顿就是小说《麦田里的守望者》里的主人公，香港和台湾译为《麦田捕手》，翻译得比较直接，棒球比赛里的捕手，负责捕球的，当然在小说中他的意思就是守望保护，有保护者的意思。“守望者”的翻译也可以。霍尔顿就是《麦田里的守望者》里面16岁的男主人公的名字。

原来这一位奇怪的芝加哥的白人年轻人，跟好多年轻人一样，看那本书看得有点儿沉溺，脱不了身，就感觉自己就是霍尔顿，那可见这本书的魅力。

不同的年代里面都出现过这样的人物，有时候这些人物还闯出一些弥天大祸，也做了一些不好的事情。

为什么这本书让人那么着迷呢，从20世纪50年代出版之后，一代又一代的美国年轻人，特别是男生看这本书看得那么入迷呢？七年前我问过一些在中国香港的美国学生，关于这本书，已经隔了几十年，你们还有看吗？还有读吗？读了还有感觉吗？美国年轻人都说还有读啊，因为都是高中生，大学文学科的老师指定要读的，要讨论的，讨论里面的语言艺术、表达的时代气氛，所以他们都读了。

更重要的是，很多学生告诉我读过之后，很认同，觉得这部小说写出了他们的一些感觉，特别是挫败感、愤怒感，好像看到这个成人世界，处处充满虚伪。用小说里面出现最多的一个关键词来形容——folly，就是虚伪、伪君子、戴假面具，假仙，很假。

在年轻人眼中的成人世界，就是虚假的，而虚假就是不好的，当然我们周围的成年人也看破了，有时候觉得，虚假真的是不好的吗？真实的又真的是好的吗？

很简单，我记得以前年轻有过经验，我妈妈不太会做饭，也不常做饭，偶尔做了饭，坦白讲不太好吃。我妈妈问我，怎么样啊？其实她不是想知道我的意见，她期待我的表扬，给她一个赞。可是年轻嘛，我就有话直说，这个很酸那个很苦，不够好吃。我妈就生气了：“怎么这样啊，我那么好心那么累，做饭给你吃，你称赞一下不行吗？表扬一下不可以吗？”

我记得我还直接回话：“我讲真话不行吗？一家人不能讲真话吗？”那

时候我觉得我是对的，直到后来自己当了丈夫、父亲、老师，我就感觉，为什么不能给别人一个善意的谎言呢？偶尔虚伪一下、虚假一下，难道不好吗？你讲真话伤了对方的心，难道是好的吗？应该吗？合乎伦理的吗？说堕落也好、反省也好，我就有这种想法的改变，到了今天 50 多岁了，我基本上没有讲半句真话，几乎啊，所以说起来真的是堕落了。

我想《麦田里的守望者》有这么大的影响力，除了语言艺术，更重要的是，它真的写出人在成长中那种不可解脱的迷惘，用现在的流行语来说就是“人生失败族”，仿佛做什么事都失败，找不到出路可是还是想找出路，然后替自己悲哀，也替同一代、同一种类型的年轻人悲哀。

假如你知道或者读过这本书，你就知道故事大概就是讲 16 岁的霍尔顿，读了几所学校都被退学或主动退学的故事。学业上失败了，别人是学霸他是学渣；交朋友也是，追女孩总是追不到，女孩总是和他分手，很糟糕。他就看着他的室友们整天去玩，交女朋友，很受欢迎，他自己却被冷落。然后他心想，好吧，找不到女朋友，我花钱买总可以了吧？他花钱找妓女，结果也是挫败连篇，被取笑甚至被抢钱。整部小说的故事就讲几天内发生的事情。

霍尔顿离开了学校，没有回家，去找他前任女朋友，找他老师，住在一位男老师家里。半夜醒来，老师在摸他的头发，摸他的额头，他吓得屁滚尿流，穿好裤子就跑了。后来他又找他妹妹，在小说里面，我刚说那一顶红色的猎人帽就经常出现，不管他去哪里都戴在头上，成为小说情节的一个小装置、小物件。霍尔顿戴着这顶红帽子，感觉到对理想、对热情的执着坚持才是他自己，他用这顶帽子对全世界宣布他独立了，是个跟外面不一样的成人。

书里有一句很恐怖的对白：“我要戴着帽子去开枪打人。”他不是打猎，当然也不一定是说真的去杀人，只是个要把愤怒投掷于外面世界的象征说法，这就是人生失败的感觉。坦白讲，每一个成长中的人都曾经有很严重的人生失败。其实现实中，不管你有多少的胜利，总难免跟别人比，有时候还是觉得有些挫败。《麦田里的守望者》真正写出了潜伏于所有人心底的、因挫败而生的愤怒与无助。

《麦田里的守望者》以前是一本禁书，因为它的作者——塞林格能够用他粗鄙愤怒的语言写出愤怒的、失败的心情，所以你看到处处充满了失败。

我十八九岁匆匆看过这本书，中文版也是很有感觉，可是我是有些钝感的，因此没有太愤怒，只是有一点儿感觉，没有很深的认同感。当然不会像我在芝加哥见到的那个霍尔顿一样迷在里面，跳不出来。

这书里面有很多让年轻人听不进去的对白，像那个主人公和他老师聊天，老师提醒他："孩子，生命上的游戏，我们就要跟着游戏规则去玩。"

其实主人公霍尔顿还不是一样虚伪，嘴上说："我知道，老师我知道。"可是他心里却在说："游戏什么。假如在游戏里面，你是站在赢家那一方面，那当然就是游戏啦，我承认。可是如果你站在赢家的对立面，那等于是输家、失败族、人生失败族。但当你身边根本没有赢家，你只是一个窝囊废、人渣、失败族、学渣……那根本不是游戏，没有游戏可言。"这就是他的感觉，但他没有向老师正面辩解。

这顶红帽子便是他唯一在失败里面能够掌握的东西，给他力量、给他希望的，他觉得有帽子在，就有希望，他就是有种感觉。

故事里，霍尔顿到处走动、不回家，离开学校去美术馆、博物馆。他感觉在博物馆里面最好的东西是什么呢，就是所有东西都在原位不动，没有东西是会变化的，它们永远就挂在那边，展示在这边。唯一有变化的东西就是你自己，因为在走来走去。从不同的角度看，你就会有不同的感受。

所以这表达了一个年轻人对世界的渴望。他觉得迷惘，觉得他掌握不了世界。他希望世界不动，他自己能动。自我的存在感，是年轻人心中最需要的，也是最缺乏的。

在种种的失败里面，霍尔顿觉得受伤，塞林格也写出他受伤里面的渴望与善良。书里有一段著名的话，就是霍尔顿的妹妹问他到底要做什么，他回答：“你真的要问我想做什么吗？我告诉你，我这辈子最想做什么，我不想做律师那些工作，因为做律师那些人只是赚很多钱，打打高尔夫球、打桥牌、买车、喝马提尼、摆摆臭架子，根本没有什么意义。”

然后他妹妹追问：“那你到底想要做什么？”霍尔顿就说：“你想知道吗？我告诉你，我最想做的就是麦田里的守望者。我想象有那么一群小孩，在一大片麦田里面玩游戏，成千上万个小孩子。附近没有一个大人，除了我。我就站在旁边的悬崖旁边，责任就是在那边守望着，只要看到有小孩要往悬崖那边跑过去，快要掉下去了，我就赶快把他抓住。

“孩子们都在狂奔，也不知道自己是往哪里跑，我跑出来把他们抓住，捕手嘛，守望者嘛，我从早到晚就做这件事。我就只想当个麦田捕手，我知道这样有点儿异想天开，可是我真正想做的就是这个，我知道的，这太不像话。”

这一段是这本书最著名的段落，可见里面的主人公很哀伤，还担心别人受伤。反过来看，其实霍尔顿也期待、渴望有其他的守望者出来救他，非常可怜。

为什么有时候轻轻的一段话能够成为一再被引述的经典呢？我觉得这是因为作者不仅写出了故事，还写出了感情。

为什么七年前我突然问当时在中国香港的美国学生对这本书的感觉呢？因为，七年前，塞林格去世了。对有些大名鼎鼎的大师级的作家，你有错误的印象，就觉得应该是古代人吧，不在了吧，结果原来不是的，他们还活着呢。塞林格也是，好久以前我总是觉得他是古人，原来他一直到 90 多岁才在美国去世，一直躲起来做所谓的隐者。他出版了这本书之后就没再出书了。他出版过两三本短篇小说集，可是这本书是唯一的长篇小说。之后，他太红了，完全没有了隐私，因为《麦田里的守望者》风靡了全美国，他去哪里都被跟踪追问，他受不了。

其实塞林格本身也是某个意义的人生失败族，也同样读了不同的学校都读不成，开始写作，后来写了一半东西还要去打仗，参加第二次世界大战，去法国其他地方打仗，还进了精神病院。战后，回到美国后，他才继续写。成名之后他受不了，干脆躲起来，只跟极少数的人接触。在为数不多的访谈记录里面，他曾经表示非常后悔，真希望这本书没有出版，幸好他收了许多版税，有条件在美国东南部某个州买了座漂亮的房子隐居。

所谓隐居，别误会，他也不是不出来，后来很多记录都说他经常跟朋友开车到纽约吃喝玩乐，也跟女孩听爵士，吃好的东西、逛街，是他要保护他的隐私而已。

塞林格还被曝经常跟女孩通信做笔友。那个年代没有互联网，在他50岁出头的时候，与一个耶鲁大学的女生通信，两人交往了大概一年的时间，后来分手了。

分手是很正常的事情，女学生觉得很受伤，不过后来也结婚生子了。在她四五十岁时，出版了一部回忆录，写了她跟塞林格的这段感情，公布了两人的书信，那时候塞林格仍然在世。这个女学生就是乔依斯·梅纳德，她在回忆录里面说，塞林格的情书真是令人着迷，就像他的小说一样，你看着他的信，觉得他很懂你，世上怎么会有一个人那么了解你、支持你。

随手引述一个例子：乔依斯说有一次她写信对塞林格抱怨环境、学校、家人，塞林格轻轻一句，就说："亲爱的乔依斯，你的问题就在于，你太热爱这个世界。"

我觉得这句话很动人，好像什么都没说，却好像又什么都说了。说中了，你太热爱这个世界，这句话，等于用我们俗人的语言说"太执着、太认真"，"认真你就输了"，可是这种套语用太多了没有力量。所以塞林格这一句，乔依斯（前面必须直唤对方的名字乔依斯），你的问题在于你太热爱这个世界。

这么一说，哦，你的心就软了，融化了，就什么都给他了。当然乔依斯后来回忆录也说了，发现了塞林格原来是个渣男，一直同时跟不同的女生通信见面，好多女生都收过他的情书。

前文提到的我在芝加哥碰到的那个戴红帽的小伙子，他绝对不是唯一沉迷于《麦田里的守望者》的人，还有好多人，甚至沉迷到做了犯罪的事。例如大名鼎鼎的约翰·列侬被枪杀事件，开枪杀他的是个小胖子，小胖子杀人的时候还带着《麦田里的守望者》。他被抓了，审讯时，他在法庭上说："你们想知道我为什么这样做吗，你们去看《麦田里的守望者》吧，看了便明白，这本书就是我的生命，代表了我所思所想的一切。"

这个小胖子也经常戴着一顶红帽子，真是着迷到不可自拔。为什么这本书会引发他的共鸣？就是因为"虚伪"这个词。小胖子读完小说后，非常痛恨虚伪的人，他要扯破伪君子的面具。1980 年，这个小胖子在一本杂志看到约翰·列侬的报道，原来约翰·列侬是这么有钱，花了 70 万美元在佛罗里达州买了一栋海边别墅，又买了一艘 63 英尺的船，还有其他的房子，价值几十万美元，那是在 20 世纪 80 年代，多有钱啊。他就想约翰·列侬不是经常在歌曲里面叫大家抛开一切，什么都不要，回到原先的起点吗？他不是叫大家勇于放开一切吗？为什么约翰·列侬自己那么迷恋财产呢？

所以他觉得约翰·列侬就很虚伪，是个伪君子，是个 40 岁的生意人，财产有 1.5 亿美元，还和女人纠缠不清。所以他就决定要对约翰·列侬动手，让全世界的人来看清楚这个伪君子。

除了小胖子，还有另外一个人，开枪行刺美国前总统里根的男人，被捕之后，警察在他旅馆床上也找到了《麦田里的守望者》。

还有其他类似的案件，凶手不懂得怎样排解他们的愤怒。他们没有把愤怒转化为救其他的小孩，而是选择去毁灭，毁灭他们心中所谓的虚伪的人。显然，一股情绪起来之后，可以走东，也可以走西，有不同的方向，但可惜有人偏偏选择了破坏的方向。

希望你去读读《麦田里的守望者》，假如你读出愤怒，希望你往美好的、光明的、守望的方向走，要做守望者，不要做一个麦田里的毁灭者。

《倾城之恋》

人是自私的人，城是寂寞的城。在那兵荒马乱的时代，个人主义者是无处容身的，可是总有地方容得下一对平凡的夫妻。而在这和平年代，处处彰显个性，我们都太忙于谈恋爱，寻找爱，可哪里还有工夫谈恋爱，发现爱呀。

导读：

倾覆一座城，只为成全两个人的爱情

《倾城之恋》是张爱玲最脍炙人口的小说之一。这是一部探讨爱情、婚姻和人性在战乱及其前后，怎样生存和挣扎的作品；也是一部张爱玲倾情打造的融合了她个人情感的作品。

张爱玲的书写，常常会带人们进入一个沉默的、被遗忘的区域，在这个区域里，追问人性深处的答案。她的笔下隐藏着一个幽深的生命世界。

要读懂这部小说，我们可以提出以下几个问题：为什么将它称为倾城之恋？它想要传达的主题是什么？书中的故事又是如何展开的？

这部小说讲述了女主人公白流苏离婚后住在娘家，被哥嫂嫌弃，母亲不疼不爱，不得不外出寻找婚配对象，而范柳原爱她却不想娶她，直到第二次世界大战中香港陷落，两人患难与共，范柳原终于娶流苏为妻的故事。

在《倾城之恋》的开篇，张爱玲写上面为了“节省天光”，将所有的时钟都拨快了一个小时。唯独白公馆里用的是老钟，他们的 10 点钟是人家的 11 点。这座白公馆便是故事女主白流苏的娘家。故事一开场便为我们营造了一幕苍凉昏暗的色调。

白公馆像一种与世隔绝的存在。他们的钟比别人慢，他们唱歌唱走了板。

白四爷正拉着胡琴的时候，楼底有人来禀告，说女主流苏之前离婚的丈夫，得了肺炎，死了。夫家的亲戚徐太太来信，让流苏去奔丧。说是奔丧，其实别有用意，也就是让她改嫁。到这里，我们知道，流苏离婚后寄居娘家。在这里，亲人无亲情，满眼利益与现实，当失去利用价值就千方百计要将她赶出去。

在这种情况下，小说的男主人公出现了。此人姓范名柳原，年方33，父母双亡，是个标准的海归富二代。之所以到现在还单着，是因为有无数太太们钩心斗角地硬要把女儿送上门来给他，这样一来便捧坏了他。

从此他把女人看成脚底下的泥。因为是庶出，他年少时被家族排挤和孤立，虽最终继承了遗产却渐渐地走上了放浪的道路，吃喝嫖赌样样都来，独独无意于家庭幸福。

范柳原是个花花公子，在他看来自由比什么都重要，白流苏的出现，使他感到的是一种新鲜，所以他与流苏有了一面之缘后，便精心安排她到香港与之会面。但是就范柳原的放荡性格而言，他即便是对流苏一见倾心，也只是暂时的热情，他不可能给流苏想要的结果，因为范柳原不想对爱情负任何的责任，不可能给流苏想要的婚姻。

为此他曾对流苏说："有一天，我们的文明整个毁掉了，什么都完了——烧完了、炸完了、坍完了，也许还剩下这堵墙。流苏，如果我们那时候在这墙根底下遇见了……流苏，也许你会对我有一点儿真心，也许我会对你有一点儿真心。"可见，"死生契阔，与子成说，执子之手，与子偕老"，在他看来，只不过是一句美丽的谎言。

遇见范柳原以后，白流苏为了寻找自己生活的依托，必须抓住这根救命草。因为这个时候的流苏，大哥不亲母亲不爱，又身无分文了，当务之急，就是找到一个能养活她的男人，这是她选择的最明确的目标。于是，为了这个生活的依托，她不得不放下尊严而不顾一切。所以张爱玲是这样给她定位的，“她不过是一个自私的女人”。

总的来说，流苏的爱情无关爱与不爱，在乎的仅仅是生活的保障。

两个人的恋爱，表面上充满甜蜜，柳原的绅士风度也懂得处处让着流苏，见到她不开心也会追着去哄，但实质上更像是一场场交锋。他们互相追求爱情，倒不如说是追求一场让自己赢的交易。他们的恋爱过程可谓是步步为营，爱情给他们双方带来的并不是真正的甜蜜，有的只是流苏心中的算计与悲哀，有的只是柳原心中那种不愿承担的爱。在这样一段凄美的爱情传奇里，并没有爱情的甜蜜，有的只是算计。

白流苏，能与范柳原很快地走在一起，源于两人的需要。一个要生活的保障，一个要身心的享受，对白流苏而言，她在乎的不是她是否爱柳原，而是柳原是否爱她。她只想利用柳原给予她的爱，赢得一场婚姻。她的爱是自私的，她一直希望凭借着婚姻这个基石达到内心的目的。因为在那个视女人如衣服的时代，婚姻就是她们唯一的出路。而范柳原想要的则是一种不负责任的享受。

无爱的恋爱从来都是没有大团圆的结局的，白流苏与范柳原的婚姻爱情之所以走向毁灭，最根本的原因在于，他们两人之间仅仅止步于彼此之间的吸引，他们之间并没有真正的爱情，他们那场所谓的恋爱不过是实现彼此目的的工具罢了，最后，在现实与理想的斗争中，现实战胜了理想，流苏与柳原的爱情也走向了毁灭的边缘。

1941 年 12 月 8 日，当战争的炮声打响的时候，孤身留在巴而顿道的白流苏对战争的情况一无所知，一种极大的不安全感席卷了她。

战火纷飞中流苏也想到了柳原，不知他的船有没有驶出港口，有没有被击沉……

到了这个地步，流苏反而懊悔有柳原在身旁。若只她一个人死了也就死了，可两个人一起也就蒙了双重危险。柳原若是死了残废了，她的处境更是不堪设想。她自己若是受了伤，为了怕拖累柳原也只有横了心求死。她料着柳原也是这般想。别的她不知道，在这一刹那，她只有他，他也只有她。

张爱玲是“一个对人生充满悲剧感的人”。她笔下的女性，都是一些生活在新旧社会交替之间的旧女性，女性在那样的世界，爱是无法企及的，自己也做不了自己的主，爱情总是会被一些世俗的东西影响着。白流苏就是其中最好的例子。张爱玲用她尖锐的笔触进了世俗人们的灵魂深处，挖出了足以颠覆传统美好爱情的传奇，让人们能够真正地窥视爱情生活的平凡与平庸。

终于熬到停战，流苏与柳原之间仿佛也是经历了世纪战争后终于和解。战后，流苏爬到柳原身边，隔着棉被拥抱着他。柳原从被窝里伸出手来握住她的手，这一握代表了一种彻底的谅解与透彻的懂得。

他不过是一个自私的男人，她不过是一个自私的女人。在这兵荒马乱的时代，个人主义者是无处容身的，可是总有地方容得下一对平凡的夫妻。

他们话语不多，却似乎心有灵犀。柳原竟也放下了自己的绅士风度，他们之间变得平淡而安详。他们终于结婚了，在兵荒马乱的动荡中，在断壁残垣的破败中。结婚启事在报上刊出，不久港沪之间恢复了交通，他们便回了上海。

香港的沦落成就了他们两个人的婚姻，但是在这个不可理喻的世界里，谁知道什么是因，什么是果？谁知道呢？也许就因为要成全一段婚姻，一个大都市颠覆了。成千上万的人死去。成千上万的人痛苦着，跟着是惊天动地的改革……

他们真实的婚后生活是，流苏终于转正过上了一心追求的日子，但柳原现在却不跟她闹着玩了，他把俏皮话省下来说给旁的女人听。在流苏看来那是值得庆幸的好现象，表示她已是他名正言顺的妻子，柳原也已完全把她当自家人看待。

范柳原虽然和白流苏结婚了，可是这段姻背后，潜藏的是一群人的痛苦，牵连着千万人的命运。他们终成眷属，可是世界依旧杂乱无章，悲剧依然在别人的故事中上演。也没人知道，婚后的他们要经历怎样的苦难和考验。

我们知道，在张爱玲笔下的小说，《金锁记》《封锁》《沉香屑》等无一不是以爱情为主题，且无一不是以苍凉收场，唯一例外的《倾城之恋》的圆满，也得归功于乱世里的“倾城”，满纸的讽刺。传奇里的倾城倾国大抵也如此，它们鲜有真正完美的结局，多半是透着苍凉与无奈。就像那胡琴咿咿呀呀的旋律，在万盏灯火的夜晚，只有说不尽的苍凉的故事——不问也罢!

这看似圆满的结局，读来却让人觉得莫名心酸与悲凉。流苏自己的内心也是禁不住怅惘的。尽管在坍塌的香港，范柳原最终给了流苏一纸婚书，那也不过是另一个悲剧的开始罢了。谁也无法完全说清，但是，在这本就不可理喻的世界里，又有什么能真正地分得这么清呢?

故事至此我们也终于明白，以生存为基础的婚姻是没有爱情可言的，所谓倾城之恋，并不是这份恋情有多么惊天动地，而是实实在在地倾了一座城。香港的陷落成就了白范之恋，而他们的结合终究是天时地利人和的产物，又或者只是两个屈服于现实的人达成的同盟契约关系。

在《倾城之恋》中，张爱玲用她那最敏锐的心和最尖锐的笔对爱情和婚姻进行了深刻而又独到的描绘。她笔下的爱情是凄凉、世俗的，为了生存，爱情成了达成婚姻这一目的的工具。她为那些迷茫的女子叹息，叹息她们如同镜中花水中月、虚无缥缈的追逐之中；她们如同那绣在屏风上的鸟，生活在一个死的世界里，没有青春，没有希望。在这个被冻结了的世界里，爱如同一件华美的奢侈品，是她们所无法企及的，因为她们被禁锢了、被束缚了，无法自由自在地追求自己所期望的东西。她们仅仅是作为那被欣赏的物品，只为了别人的欣赏而活着。为了生存，她们将爱情作为赌注，最后只留下一个凄凉的结局。

张爱玲对爱情的嘲弄，与古典小说才子佳人一见钟情终而大团圆的模式相比，是一种完全相反的爱情表达。她不管人世间的美好，总是把人间最美好幸福的情感，撕碎在世人面前，让人无法窥视她内心世界对待爱情的态度，只知道在张爱玲心中的爱情，始终笼罩着一层绝望。在她的爱情故事中，所展现的是一片浓得化不开的黑色，在张爱玲眼中——生命是一袭华美的袍，爬满了虱子。爱情也一样，字面上的爱是无私而圣洁的，但是只要融入真实的生活，爱情无非只是生存的依附。

倾覆一座城，只为成全两个人的爱情。也就是说，张爱玲对这个人世间毕竟还没有绝望。在她的内心深处，对这个世间她还在骨子里隐藏着一丝温暖，所以便有了一恋倾城的《倾城之恋》。张爱玲想通过这部小说告诉人们：以生存为基础的婚姻是没有爱情可言的，女性只有觉醒，只有独立，才能享受爱情带来的幸福。

马家辉：

哭不出来的哀伤

这篇我要解读的是我的女神，也是好多人的女神——张爱玲。

中国现代文学界是有一位男神、一位女神，男的是鲁迅，女的就是张爱玲了。当然，也有人从不同的角度出发，觉得有争议，有人说张爱玲写来写去都是些小眉小眼的爱情、生活，琐碎的虐人的故事，让人瞧不起。当然，我们也应该尊重不同人的看法，可是认真对待文学的话，就知道不管是张爱玲的文字还是她的创作意识，都呈现了20世纪40年代的中国人和时代的关系，她能写出大时代中的小人物在找寻或放弃自己时那种或复杂或暧昧的情感。她写的似是一时一地却非一时一地，而是永恒。因为我们不管活在哪个时代，都要和时代成为朋友，这其中的磨合有我们的挣扎、追求和放弃。一个艺术家能够这么让人引起共鸣，一方面是她的文字艺术方面，还有一方面是她写出了对胡兰成的那种感情。

今天要谈谈她很重要的作品，也可能是最著名的作品——《倾城之恋》。

《倾城之恋》写于1943年10月，这部作品后来一再被肯定到什么地步呢，肯定到连不爱谈论自己作品的张爱玲也多次在不同的散文里提到它。她多次用《倾城之恋》为例来代表自己写作的心意，还有写作风格。到底是什么心意，什么风格呢？张爱玲用四个字来形容：参差对照。

张爱玲有一篇文章就以《倾城之恋》为例谈到自己的美学理念，她说：“我喜欢参差对照的写法，因为它比较接近现实。在《倾城之恋》里面，女主人公白流苏从老旧的家庭中走出来，去了香港。香港战争的这番洗礼，可以把一个人改变，可是这场战争没有把白流苏感化为革命女性。这一场战争对于男主人公范柳原影响很大，把范柳原转向了平时的生活，甚至让这个浪子成了家，可是婚姻并不使他成为‘圣人’（张爱玲用了这两个字）。范柳原放弃以前的生活习惯作风，与白流苏结了婚。不过还是庸俗的，他们也只能如此庸俗下去。”

在另外一篇文章《论写作》里面，张爱玲又引《倾城之恋》举例。她说她想写出那种暧昧的悲哀。她说，假如我们能痛痛快快地哭一场倒好，我写出来的就是那种哭不出的悲哀。悲哀往往属于一种什么感觉呢，她引了四个古字，如匪浣衣。这是一种杂乱、不清洁的暧昧感，是挤在一起的忧伤，就是那种有些很沉重的东西在那里，却洗不干净、清理不掉。

张爱玲的文字里对人物故事的铺排，也是用这种参差对照的写法。比方说她用上海、香港两个城市相对照，范柳原跟白流苏就在这两个城市开展他们的爱情，最后在香港结婚。范柳原跟白流苏有他们很苍凉的一面，也有轰轰烈烈的一面，有勇敢的一面，也有无奈的一面。

再加上整个大环境，香港被日本占领了三年零八个月。在大时代里面，人的命运如何能自己争取，能不能争取，最后谁成就了谁，没有人知道结局。就算有结局了，也不一定是你要的结局。可是它好歹是个结局。所以，我们去读《倾城之恋》一定要特别注意参差对照的写法。只有参差对照，才有张爱玲的美学，也只有参差对照，张爱玲的文字才那么动人。

我们先来看看《倾城之恋》的故事，它讲了一个上海女人白流苏，很早就结婚了，但也很早就离婚了，离婚之后她回到了婆家白公馆，和一群亲人住在里边。她当然受尽了冷言冷眼，而且手上的钱也被她的哥哥拿去用了，她很委屈。可是就在这样的境遇下，机会来了，她的侄女白宝络要相亲，相亲对象是范柳原，在外国读书的情场老手。相亲那天，白流苏陪着去了，结果反而是她跟范柳原眉来眼去。之后有意无意之间，白流苏就开始勾引范柳原，两个人干柴烈火，故事就来了，情场老手就懂了。相亲见面后，范柳原透过媒婆邀请白流苏去香港跟他见面，在香港就住在浅水湾酒店。

若你有机会来香港，一定要去瞻仰一下浅水湾酒店，看那边的故事。看了张爱玲所写的《倾城之恋》之后，你就对浅水湾特别有感觉。另外一个很重要的女作家萧红，战争的时候也死在香港，骨灰曾经有一段时间葬在浅水湾。浅水湾是个很有文艺气氛的海滩，《倾城之恋》的男女主人公在浅水湾互相亲密地调戏对方。

范柳原先冷落了一下白流苏，让她要得到又要不到，最后让白流苏空手回到上海，让她的心悬在那边。回上海之后，过了大概一年，战争爆发了，范柳原又邀请了白流苏去香港，然后两个人就在香港经历了战争，最后在战争的困局里面无路可走，范柳原有点儿无奈了，唯有说，好吧，那就结婚吧。

《倾城之恋》分为三部分，三个部分所描述的时间长度不一样。第一个部分描述身处白公馆的白流苏被种种剥削，被哥嫂欺负的惨状。于是作为报复，她有意无意破坏了她侄女的相亲。这个部分讲得就是几天内发生的事情。

第二个部分是风流成性的范柳原把白流苏接到香港，对她很轻佻，然后白流苏又回到上海的家里，这部分的时间跨度大概是一个月。

第三个部分所处的时间点是从 1941 年 11 月底一直到战争后香港和上海恢复了交通，也没真的写到战争结束。战事稍稍平定，两个人就在香港定了下来。

张爱玲善于处理故事中的时间，几天的事情，一个月的事情，一两年的事情，时间跨度不同，读起来却很均匀。你不会觉得有时候快，有时候慢。作家张大春谈到《倾城之恋》也提醒我们，张爱玲总能抓住故事情节所需要的时间，因为它每一段情节需要的时间是不一样的，有时候几天已经足够来表达她处境的困难和委屈，有时候需要长一点儿的时间，才能表达在困难的环境里面来找出自己的方向。一个艺术家除了要懂得处理人物、性格、对白以外，懂得写活时间感和速度感，这对小说的创作和阅读都非常重要。

张爱玲作为文字艺术家，对这个技巧的掌握得真是炉火纯青。所以我们看到这个故事脉络，就可以从里面展开出大时代里面人的选择。什么叫作选择呢？一开始，张爱玲用她的作品来提醒我们时间跟速度的重要性。

在整个故事里面，其实就只有两个勇敢的人，一个是范柳原，另一个就是白流苏。他们敢在时间里面掌握机会，去抓住自己的命运。特别是白流苏，她敢于跟侄女的相亲对象跳舞，眉来眼去，然后报复。她敢应约去香港，接受范柳原的轻佻。第二次去香港，她敢与范柳原一起经历生死。她勇敢地掌握了时间，时间就是生命。她是跟着时间同步，甚至走在时间的前面。

范柳原其实也是如此，他在英国长大，他明明跟这个女人相亲，却搭上了另外一个女人，然后在战争里面无奈，最后身边只剩下一个女人了，严格来说，他可以不要白流苏。可是，他就一起生活，一起过日子。但他也并没有完全放弃他的风流。张爱玲很有趣，在故事最后说白流苏的纠结感觉，“范柳原把她当作老婆了，跟她成亲了，好像定下来了，可是范柳原不再跟她讲俏皮话了。”范柳原把所有的俏皮话都留下来说给旁的女人听，所以白流苏看得很清楚，可是白流苏也感到庆幸。她说这是好现象，因为范柳原完全把她当作自己人了，把她当作名正言顺的老婆。然而白流苏还是有点儿惆怅，明白要抓住一样东西，就要付出另外的一样东西。所以一个人怎样跟时代同步，走在时代的前面，必须做出自己的选择，他们正是拥有选择的勇气。

但，话说回来，可能冥冥中有些很诡异的神秘的东西，没有人说得清楚，到底真的是你选择了，还是外面的世界来成全了你。倒过来看或许都是一样，你看外面的世界怎样变动，好像跟你无关，那个世界的变动不可能因你而起，但你又隐隐觉得自己跟外面的世界有着神秘的牵连，说不定，外面世界的存在，是为了你。

所以，在《倾城之恋》里面最后的片段，张爱玲带着读者来思考。她说，战争让白流苏抓住这个男人结婚，香港的陷落成全了她，可是在这个不可理喻的世界里，谁知道什么是因，什么是果呢。也许因为要成全她，一个大城市才有战争，也才会倾覆和倾倒，成千上万的人死了，成千上万的人痛苦着，然后是惊天动地的大改革。这一切，仿佛都是为了成全白流苏。可是白流苏也并不觉得自己在历史上面的地位有什么微妙的地方。因为没有人说得清楚一个人跟一个时代之间的关系到底是什么。这又是张爱玲一个参差，参差对照的是人在时代里面，经常处于自卑和自大之间，你如何去看，如果去安顿，如何去理解，还有你得理解正确，没有人可以给你答案的，到最后只有你自己去判断，去认定是否真的，去相信。你选择相信什么就是什么。

所以到了最后，张爱玲写白流苏，她只是笑盈盈地站起来了，把蚊香香盘踢到桌子底下去，然后结局。你看完《倾城之恋》就像看过张爱玲的很多小说一样，都会有个很沉重、解不开的结，这个结是人对因与果关系感到的迷茫，人与时代太复杂的关系。这可能就是生命的真相吧。记得吗，我们刚才一开始引张爱玲自己的说法，她喜欢参差对照的写法，因为它是比较接近真相的。生命从来不简单，也不可能简单。

张爱玲能写出真相的参差和生命的参差，如此暧昧，又如此无奈，难怪，如此动人。

《长恨歌》

上海弄堂因有了王琦瑶的缘故，才有了情味，这情味有点儿像是在日常生计的间隙中进进出出，像墙缝里的开黄花的草似的，是稍不留意遗漏下来的，无心插柳的意思。……其间那一股挣扎与不屈，则有着无法消除的痛楚。上海弄堂因为这情味，便有了痛楚，这痛楚的名字也叫王琦瑶。

导读：一个女人40年的情与爱，一座城市40年的常与变

《长恨歌》是以一个平凡而又不平凡的上海女人王琦瑶的一生为线索，写尽上海40年的变迁及普通百姓的生活状态。

麦家说，这本书写的是一个女人和一座城市的鸡毛往事，实际上却是一部展示了中国弄堂深巷风俗史的精细之作。

要想读懂这本书，我们可以提出以下几个问题：为什么将它称为《长恨歌》？这本书想要传达的主题是什么？书中的故事是如何展开的？人物的命运又是怎么跌宕的？

《长恨歌》讲述了一个女人40年的情与爱，交织着上海这个大都市从20世纪40年代到90年代沧海桑田的变迁。王安忆以小女子王琦瑶的生命跌宕，扒开了大时代的层层褶皱，细致幽微地烛照出中国的一种现实。

小说分为三个部分，第一部分是从1946年到1948年，围绕着竞选“上海小姐”的事件，讲述了1949年以前人们在上海的生存状况。第二部分是从1949年到“文革”结束，讲述了王琦瑶这一类市民在无产阶级汪洋大海中的“隐居”。第三部分是从“文革”结束到王琦瑶被杀，讲述了一个怀旧梦想的破灭。

旧弄堂、鸽子、老建筑、有轨电车，以及从弄堂中走出的王琦瑶的情与

爱……那些琐碎细小的上海故事细节，宛如一段段呓语，又似一个个幻梦，谱写了一曲女人的长恨歌。

这部小说带有浓厚的老上海风情，它的时间跨度是一个人的一生。三重的时代，有着半个多世纪的回望。因为描写了上海 40 多年的历史变迁，它被誉为“现代上海史诗”。《长恨歌》曾荣获第一届世界华文文学奖，并于 2000 年获得我国文坛上最具荣誉的大奖——茅盾文学奖。

王琦瑶的形象蕴含了王安忆对上海这座城市的记忆。王琦瑶是典型的上海弄堂的女儿。她在 17 岁时被选为“上海小姐”，从此开始了命运多舛的一生。她先是做了李主任的“金丝雀”，李主任遇难，她又变成了普通百姓。王琦瑶表面的日子平淡似水，内心的情感潮水却从未平息。20 世纪 80 年代，已知天命之年的王琦瑶难逃劫难，与女儿的男同学发生畸形恋，最终被杀手杀死，命丧黄泉。

王琦瑶既有为人处世的精明，也有爱恨交织的情意。她缺少见识但却通情达理。书中王琦瑶与吴佩珍的短暂友谊，令人惋惜。她们的友谊在出乎意料却又在情理之中的不经意间远去并消失。没有人会预料到关系颇好的王吴两人会因为王在片场的一次试镜失败而渐行渐远。但细细一想，像这样的事在生活中又似乎是经常上演的，人的情感有时候很脆弱，一件看似很小的小事就能把它摧毁，王琦瑶与吴佩珍的友谊便是如此。

王琦瑶不是女强人的形象，她没有梦想，只是现实地过着日子，如同大多数女孩一样，在虚荣的驱使下追求物质上的享受，但不沉醉。与李主任的故事固然有物质追求成分，但也是有情感作为铺垫。而无论生活与她开了什么样的玩笑，她始终继续着对幸福的追求。

她是一个平凡又不平凡的女人。她的平凡除了体现在其虚荣，还体现在她与几个男人的纠葛上。她的一生中似乎总不缺男人，这既是为驱赶内心的孤寂，也是受了情欲的驱使。作为人，不管是谁都害怕寂寞，会为了寻求安全，总希望身边有个人陪伴；而情欲作为人生活的一个方面，同样会被希望得到满足：在这两种欲望的驱使下，王琦瑶接受着一个又一个男人，这也使得她的形象由此而变得真切丰满，有血有肉。如果作家王安忆把她塑造成忠贞烈女，为了李主任守寡一辈子，写她在失偶后使自己变成女强人，就显得俗套了，生活的真实性也大大降低。

王安忆曾自述过："《长恨歌》是一部非常写实的东西，在那里我写了一个女人的命运……我要写的是一个城市的故事。"她通过对主人公王琦瑶一生的细腻描写，以一个女性的眼光，以一颗耐得住寂寞、经得起沉浮的平凡上海心去看上海，去探索上海这座城市的精神。

王安忆就是用一个上海女人的命运来诠释命运与城市的关系。当众多作家把视野投向乡村、小镇之时，王安忆则特立独行地为她的小说选择了城市这样一个底板，一个开放又繁华的空间。显而易见，王安忆把城市视为现代文明的一个必然阶段，她毫不掩饰对于城市的好感。书中也不时体现出鉴赏城市的眼光和趣味。上海是奢华的，上海人是精明的，但是从某种程度上来说，精明过度或许就成了一种小市民习气。从《长恨歌》的开篇，我们便可以看到，上海的弄堂里满布着流言，而这流言或许是小市民习气的最好证明。

而王安忆作为上海本土作家，也是在弄堂里长大的，所以在她的作品《长恨歌》里，也冗杂着她大量的弄堂情结：站在一个制高点看上海，上海的弄堂是壮观的景象。小说一开始便采用散文化的写法大段地描写弄堂、流言、闺阁与鸽子，在很长很长的时间里，弄堂演绎着上海最多的传奇、流言、生活百态。在很长的时间里，这是上海生活的代表、上海味道的诠释。于是，弄堂在上海便有了无可取代的地位。鲁迅、徐志摩、宋美龄、梅兰芳、周璇、阮玲玉，上海的每条弄堂里，每个门洞下，都有一段传奇。

"上海东区的新式里弄是放下架子的，门是镂空雕花的矮铁门，楼上有探身的窗还不够，还要做出站脚的阳台，为的是好看街市的风景。院里的夹竹桃伸出墙外来，锁不住的春色的样子。但骨子里头却还是防范的，后门的锁是德国造的弹簧锁，底楼的窗是有铁栅栏的，矮铁门上有着尖锐的角，天井是围在房中央，一副进得来出不去的样子。上海的弄堂多叫作‘××里’。”

一说起平安里，读者的眼前就会出现那种曲折深长、藏污纳垢的弄堂。“小心火烛”的摇铃声声，是对平安里的一点小心呵护。平安里的一日生计在喧嚣之中拉开帷幕：粪车的轮转声，刷马桶声，几十个煤球炉子在弄堂里升烟，隔夜洗的衣衫也晾出来了，竹竿交错，好像在烟幕中升旗。这里有一些老住户，与平安里同龄，他们是平安里的见证人，用富于历史感的眼睛，审视着那些后来的住户。

在这本书中，王安忆打破了创作的封闭空间。在她的小说中有两个纵横交错的空间：上海与邬桥。时间在这两个空间中自由穿梭。温儒敏、赵祖谟都曾指出：“城市空间形式成为王安忆叙述文本空间形式，而上海这个城市被尘封多年的神秘感又给了王安忆以历史的冲动和诉说的可能。”我们可以这样说，王安忆用时间追忆的方式将纵横交错的两个空间密切联系在一起。

这部小说的叙述角度是“站在一个制高点上看上海”。作为弄堂女儿的王琦瑶的生命经验是跟随着上海这座城市的变迁展开的。城市的历史阶段也就成了女主人公生命的时代。

《长恨歌》是时间的历史。王安忆用细腻唯美的笔法极力渲染上海各历史时期弥漫于空气中的不同气味、不同氛围、不同感受，她努力表现的是各个历史时期中特定个人的生存状态、精神面貌、趣味取向，于是她笔下的历史与人物都那样平实、真切、普遍，给人亲切感。

经典的小说之所以经典，就在于它们着力探寻永恒的、与人类一直共存的精神难题，比如时间和空间，生与死，绝望与拯救，这些都是无解的难题。小说不是被善恶、是非的力量卷着走的，而是被人物的命运推着走的。

《长恨歌》里的人物活得基本上都很辛酸，程先生、蒋丽莉很努力地为所爱之人付出，到头来却竹篮打水一场空。王琦瑶虽找到了自己所爱，但康明逊还是拗不过世俗的力量离她而去，而她与其他几个男人的纠葛也以分手告终。而对这一个个悲剧，作者并没有刻意去渲染让它达到悲恸的效果，而是自然而然地描述生活中的一连串不如意，让人淡淡地感伤，从而给人以真切感。

王安忆赋予了这部小说以双重的悲剧意蕴。它既是一个女人的悲剧，同时又是这个城市的悲剧。在这里，女人是城市的代言人，城市则是女人的写照，他们彼此说明，互为参考，相互映衬。

那么，这本书为什么叫《长恨歌》呢？

“天长地久有时尽，此恨绵绵无绝期。”书名取自于白居易的《长恨歌》这首诗。

因为，王琦瑶获得“上海小姐”的称号之前的平凡生活，正是杨玉环少女时代的写照——“杨家有女初长成，养在深闺人未识。”从典型的上海弄堂的女孩，到成功竞选为“上海小姐”。王琦瑶成为李主任的外室正像是杨玉环得到了皇帝的专宠——“天生丽质难自弃，一朝选在君王侧。”而李主任的不幸罹难，王琦瑶的痛彻心扉，又是杨玉环痛别唐明皇的再次上演。我们不得不承认，“红颜薄命”的命运是如此相似地跨越时空的界限，流淌在古今两个女人的血液中。

王安忆在这本书中叙述人物或情节时，喜欢赋予自身的主观感受。如“午后的闺阁，真是要多烦人有多烦人的”“邬桥这种地方，是专门供作避乱的”等，这让读者易受感染，感受作者的思想情感，从而进入小说世界，有身临其境之感。

“鸽子从它们的巢里弹射上天空时，在她的窗帘上掠过矫健的身影。对面盆里的夹竹桃开花，花草的又一季荣枯拉开了帷幕。”

这是《长恨歌》的结局。先前的一切声色光影都被一个女人的死亡咽下，生活恢复了常态。一个女人的年华，耗在一个城市的变迁上，而城市的历史打败了她。这个最后的哑然，真是个无声胜有声，是个此恨绵绵!

在这本书中，男性人物的自私、懦弱、虚伪使女性的人生经历变得坎坷曲折。作者在这本书中否定了女性依靠幻想男性、依赖爱情来改变命运的观念。女性的命运必须由自己来把握，依靠男性来改变命运只能是一厢情愿。

或许，人类的生命性情，留存最多的地方，就在文学里。因为它里面隐藏着一个丰富的人性世界。文学笔下的历史，既是生活史，也是生命史。文学笔下的人是活的，动态的，是在时间长河里继续展开的。读者一旦和文学世界里这些生命相遇，就能共享同一种人生百态，体验同一种生命感悟。

马家辉：
一场末世繁华的海上旧梦

王安忆是我的前辈，也是我的朋友。只要她来香港，不管她多忙，我都尽量把她抓住，还有她的丈夫，一起吃个饭，聊聊天，跟她请教。谈朋友的小说是不好谈的，因为有感情关系在里面，说得太好，好像是在吹捧朋友，然而明明是好，总不能少说半句好。所以，我还是有话直说，也就是一个字：好。

这次要解读王安忆的《长恨歌》，这部小说是她代表作里面的代表作。

台湾作家朱天心曾经打过比喻：小说家的创作像把自己生命的房子拆掉，拆掉之后拿砖头来重建小说的房子、别人的房子，也就是小说里面男女老少的房子。

我们借用这个比喻的话，《长恨歌》就等于王安忆把自己生命的房子拆掉，然后重建了上海的房子，不同年代的房子，从 20 世纪 40 年代一直下来，50 年代、60 年代、70 年代、80 年代，她重建了生活在那边的人的房子，她用自己的血肉来换了别人的血肉。

因为《长恨歌》的背景就是上海，特别是里面的女主人公——王琦瑶，从 17 岁出道参加上海小姐选美，到后来经历了种种风风雨雨、男欢女爱，跟着时代一起走到最前面。当然她最后也被时代抛在后头，因为时代总在发展，没有人不被时代抛在后头。

重点是王琦瑶能够在时代往前走的过程里面，保持她自己的优雅，追求她自己想要追求的。当然人算不如天算，最后还是悲剧收场。这或许就叫作宿命，也是一般所说的造化弄人。

王安忆用她很动人的文笔、语言、文字，重建这一段上海历史和上海历史里面的人，特别是王琦瑶还有她身边的人，她们经历了一段漫长而曲折的生命旅程。

说来好玩，其实王安忆应该不算上海人，她的祖籍是福建，她 1954 年出生之后，1955 年才跟随妈妈从南京搬到上海，所以她作为上海女作家的意义，恐怕不是祖籍上面的，而是她生活、成长意义上面的，不是地域血缘的，而是地域经验的。

她一辈子基本上就住在上海，她呼吸上海的空气，也思考、感受上海的历史。所以上海对她来说，是个无法抗拒的诱惑，也成为她笔下的一个“文学的魔都”，这座城市蕴含了她的情欲、繁华、悲哀、虚荣，还有里面的人的能力。

你生活在一个那么奇怪的城市里面，那么诡异的时代里面，怎样掌握自己的命运呢？能掌握到什么呢？这些都是《长恨歌》要处理的。

读完《长恨歌》的时候，我第一时间就想起张爱玲，不仅是因为张爱玲很多小说都用上海作为背景，写上海不同时代的人，里面的种种变化、沧桑、华丽与苍凉。我想起张爱玲，主要是那种感觉，阅读后的感觉。读完《长恨歌》，好像跟随着王琦瑶一起活了一遭，从她 17 岁当选上海小姐第三名开始，到后来当了别人的情妇，很风光，可是情人也有意外。她回到上海，也经历了不同的爱情，有时候跟她同龄人谈恋爱，有时候跟年轻男人有种种的暧昧，自己也当了妈妈……在这样的变化里面，她能够依靠的是什么？就是自己。自己能依靠什么？就是自己手里留下的一个以前的珠宝盒，那是一个象征。

对她来说，或者说对好多上海人来说，甚至对所有经历过苦难的中国人来说，手里拿到的东西才是实在的，其他都是假的，一切都是过眼云烟，都是浮云。拿在手里的东西是唯一能够依靠的，全世界没人会帮你的，最后只有最现实的手上的财物能帮你。王琦瑶付出她的生命，付出她的青春，最后能够保住的也只有这个。无奈的是，即使努力去保也不一定保得了。这么多年来留下来的东西，从她以前的男人手里接过来、她自己经营留下来的东西，她千方百计去保，可是，人算不如天算，到最后还是保留不了。这种无力感，读完之后让你深深感到惆怅。

这感觉完全像我读张爱玲，特别是她那几部作品，《半生缘》《红玫瑰与白玫瑰》《倾城之恋》，读完之后有深深的惆怅、怅惘。

我们都知道《半生缘》的名句，到最后顾曼桢跟她男朋友说："世钧，我们回不去了。"回不去了，那留下什么呢？或许只能留下自己胸口的一口气，还有手里所能掌握的东西。

王安忆写出了惆怅，并非只因她写上海。小说是艺术，力量永远来自文字。小说创作毕竟不是纪录片，你要了解一个城市的沧桑历史，看纪录片就好了，清清楚楚，还有拍下来的影像让你看到、听到它的变化，小说不是这样的。小说，是文学艺术，文学艺术有它的美学力量，有你阅读的美感、体验。《长恨歌》的美感体验，之于我就是惆怅，或者说苍凉。这个才是一部好作品的意义和价值。好作品不是纪录片，好的作家也不是纪录片导演，我们要这样分清楚。

我听作家张大春说过，他好讨厌看到一些文学评论者，经常下笔就说，"张大春的小说，100万字，想表达的就是……"张大春说，真的这么简单吗？假如我想讲的只是这样的"……"，那我为什么要写100万字呢？我为什么不直接写出"……"便够了？

对啊，所以小说的力量来源往往不在于它指出了"……"，而是它用精准的文学艺术、文字艺术，把你带进现场，让你去感受、感觉、体会、思考那个“……”。甚至它不说破这个“……”，而是让你自己去领悟，让你到最后发现：噢！原来生命就是“……”！

没想透这个道理的人，下笔去创作，一定只能写出很闷的作品。

说故事，是复杂的艺术，但小说家不仅仅是说故事。小说家的本领并非只让你听故事，而更在于把你拉进故事里面，跟各路人马同哭同笑，听他们听见的，看他们看到的，嗅闻他们嗅闻过的。一部动人的小说，让你成为小说里的“共生者”，你，就是故事，并非只是故事的聆听者。

我何其有幸，有机会跟王安忆当面请教，获得很多领悟、启发。

举个例子好了，我写我的小说《龙头凤尾》，曾经写到一段，两个男人，陆南才跟张迪臣，本来是情人，却翻脸了，变成了只有工作上的合作关系，一个当“英奸”，一个当汉奸，可是，有一天，洋人张迪臣又回来找他。写到这里的时候，我挣扎了好久，停笔好久，我无法判断陆南才到底要不要点头，为此我纠结了好久。

那阵子王安忆刚好来香港开会、演讲，我跟她聊天，就问她这个问题。王安忆听完，执起餐巾抹一下嘴，淡然地说，重点不在于他接不接受，而在于，他一旦接受了，感受是什么？感觉是什么？有没有再度被伤害？相反的，假如他拒绝了，那之后他会不会懊恼、遗憾、后悔？行动后面的感情变化才是重点。

一言惊醒梦中人！我就想：对啊，虽然我是作家，陆南才接不接受，理该由我来决定，但关键是，陆南才在小说里有他的生命，有他的喜怒哀乐，走到生命的那一个点，他接受了之后会怎么想？什么感觉？不接受，又怎么样？对此，我作为作家是无能为力的，因为他有他的生命，他在那个情境下面，作为一个人，一个男人，他会怎么想呢……我应该尊重他，顺着小说脉络揣摩他的性格和情绪，让他自己做决定。我唯一的责任是，选择最精准的文字把他的决定呈现在读者眼前。

说回《长恨歌》，王安忆把我们带进上海漫长的历史里，在翻页的刹那，我们都是她笔下的人物，我们都是上海。

张爱玲和王安忆都写上海，也都对上海的细节描述得非常深刻。上海的房子什么模样、上海的弄堂什么模样，上海人讲话什么模样，一直到表情和衣服，她们都写得非常具体而精致。精致的意思是，该有的有，没有的就没有，而该有的部分，刚好就足够了，足够把你带回上海的现场。

所以我们读张爱玲，印象深刻。坦白讲，写上海的人很多，除了张爱玲，比如写《子夜》的茅盾，20 世纪 30 年代的作家，一开始就用女人来比喻上海、代表上海。还有其他作家。之后的女作家潘柳黛、凤子、苏青等，都写上海，可是一直到今天，为什么我们会觉得上海在张爱玲笔下最活灵活现？就算不记得张爱玲作品的细节，可是读完她的作品，就像经历过了一次上海的生活，透过张爱玲的笔，我们能感受到、看到上海的种种生活质感。

是的，质感，这两个字非常重要，张爱玲写出上海的质感，让我们很深刻地体会，好像玩 VR（Virtual Reality）游戏，让我们感觉到上海的物质生活，不仅是吃喝玩乐、嫖赌饮吹，而是有一种生活的质感，那才真的把上海的“房子”盖起来了。

王安忆当然亦是如此。举个例子，像《长恨歌》，那么长的小说，到处都有对于上海的弄堂的描写，像开始站在一个制高点看上海，然后描述了什么呢？上海弄堂之间的光线，上海的几点几分的光，哪种弄堂，哪种石柱，哪种横横直直的划分，整个区域。还有弄堂里面的轮廓，飞翔在弄堂里面的鸽子，白鸽子、灰鸽子，飞来飞去，还有弄堂的水泥地，铁栏杆的阳台、矮的铁门。

王安忆用两三页就写出了弄堂的感性和性感。是的，性感。王安忆说，上海的弄堂是性感的，有一股肌肤之亲的，好像你摸它就会有温暖、有凉快，是可感可知的。

然后，马上她就写，充满了油垢的厨房，后窗，有老妈子在那边闲聊、说八卦，还有大小姐读书、和男同学甚至男先生幽会的，在隐秘的空间里。

所以王安忆说，我们对上海弄堂的感动，来自最为日常的情境，整本书充满了这些细节描写，甚至到最后，王琦瑶遭遇了一个悲剧，她也想到说，她的悲剧只有鸽子看见了。

当王安忆描写鸽子的时候，好像带着读者飞飞在天空，俯首，看着上海的种种沧桑变化。她说，自己的故事，只有鸽子看见了。它们是 40 年前的鸽子的后裔，它们一代一代的，永不中断，繁衍至今，什么都尽收眼底。她听它们咕咕哝哝叫着，人类的夜晚，是它们的梦魇。这城市有多少无头公案啊……从鸽子的眼睛来看，好像一方面看到这个悲剧，让大家觉得很沉重、很哀伤，可是另外一方面，因为飞在高空看，好像一切其实没有什么了不起，整个上海古往今来有多少的无头公案，没有谁关心过，好像一切只是过眼云烟。

到最后，王琦瑶眼睛里面看到的最后景象就是一个摇摆不停的灯，电灯，还有她几十年前还是个少女的时候，那时她 17 岁，去参观电影厂看到了一个有三面墙的房间，房间里有大床，还有一个女人。那个女人躺在床上，头顶也是一盏摇来摇去的灯，所以，这就是质感。

王安忆透过这些小装置、鸽子、灯，当然里面也牵涉女性的旗袍、鞋子，还有上海人爱吃的、离不开的饭菜……这些都是她小小的秘密武器，用来连贯出王琦瑶的一生。

严格来说，王琦瑶并非风尘女郎。可是，她就是懂得风情，她吸引男生，懂得打扮，年轻的时候是漂亮，中年的时候是妩媚，老年是什么呢？老年就是优雅。

每个年纪她都能够散发她的魅力，所以，身边不缺男人。好像每个男人都为她所用，你说利用也好，使用也好，她总是能够从男人的身上和手里取得所欲之物。可是到了最后，很不幸，她还是败在男人的手上，也败在她调教出来的年轻女生的手上，因为那个年轻女生本来跟她很好，但反而成为跟她抢男人的对手。

所以，生命无常。你站在王琦瑶的角度，面对男女的关系，其实是可以选择的，有时候你是可以投降的。可能是因为王琦瑶年轻的时候投降过，她当选过上海小姐第三名，但之后就做了李主任的情妇，后来李主任也意外死掉了。她在之后的每一段关系里面，好像都感觉“我要自己做主，我不选择投降，我要站在环境里面选择，宁可别人来成全我、来成就我，我要来掌握我的命运”。

戏剧的张力就在于此：命运真的是你掌握得了的吗？

时代有时代的变化，王安忆写20世纪40年代的王琦瑶，一直写，一直写，一直写到20世纪80年代，天翻地覆，经历了种种的社会环境的变动，这些都是王琦瑶控制不了的事情，甚至不是她所能预测的，她每次只能自己去布一个局，期待取得想要的东西，可是时代的巨浪冲打过来，你就晕头转向。

可是，王琦瑶厉害呀，或者说，她值得敬佩的地方，其中一点就在于，时代的洪流把她打昏，她就坐定，喘口气，喝杯茶，然后又站起来，又再看看身边有哪个男人，有哪些恩情，然后再往前去，踏出她的一步。

这就是上海人，所以上海永远是个华丽和苍凉兼具的城市。

所以，王安忆谈到王琦瑶跟男人的关系是跟随时局的变化的，年轻时候的想法当然和后来不一样了。像到了中年，她就在想，她们也不再想夫妻名分的事了，夫妻名分说到底是为了别人，她们却都是为了自己，她们爱的是自己，怨的是自己，别人是插不进去嘴的。她们唯一能靠的就是自己。

这就让我想起张爱玲写过一篇散文——《到底是上海人》，里面写了上海人的种种小情趣，小奸小坏，也提到上海人总把自己放在最前面。

上海很奇怪，好像有一个很大很大的气场，就算你不是上海人，你来到这边生活，活久了，你就有那种，你要很争气、要掌握自己命运的这种意志。像我刚开始就说的，严格来说，王安忆不是上海人，她一岁才来上海。但她就是有那种让你觉得很淡定的气质，她知道自己就是要写作的。

到底是上海，到底是上海人，到底是王安忆，她写通了上海，所以，尽管不在上海出生，却比谁都更懂上海。

《龙头凤尾》

命运本是遥不可及，看不到，嗅不着，然而赌博让抽象的命运切切实实地落到你手，可见可碰可敲可摔，命运如此贴近，所以是如此地亲。你不必等待，伸手即可触摸命运，轻易地，直接地，跟命运打个照面，所以你明白，你并不孤单。跟你对赌的并非桌前的其他人，而是命运，只是命运。

导读：

小江湖，大命运

马家辉是香港人，出生成长在湾仔，就是那个古惑仔会当街砍人的地方。那里很乱、很江湖，可是他却在父亲的熏陶下，走上了文字道路。《龙头凤尾》是马家辉的第一部小说，写在他的初老之年。

少年时周边的环境会对人的成长造成巨大的影响，即使马家辉赴台读书，并旅美求学成为一名学者后，心中仍然住着有江湖情怀的热血青年，所以才有这本《龙头凤尾》，才有这书里的香港江湖。

我们对于香港的印象可能都是从那些年香港电影中得来的：狭窄的街道、灯红酒绿的夜生活、神秘的古惑仔，以及光鲜亮丽的社会精英，也有狭邪的色情。

《龙头凤尾》主要描绘了香港社团孙兴社的龙头陆南才的生平，人称“南爷”的他最传奇的是两件事情：一是他从拉车夫到堂口龙头的经历；二是他与英国警官张迪臣的禁忌恋情。他做龙头广为人知，他做凤尾鲜为人知，可是这二者却相互交织着组成了他一生的跌宕起伏。

在南爷还是陆北才的时候，他只是一个广东的小木匠，娶了一个曾被强暴过的妻子。陆北才不太在乎妻子被强暴过，因为他也在小时候被同族的七叔性侵过。

懵懂时的侵犯，让陆北才对于情事产生了不同寻常的认知，也为他打开了另一扇情欲的大门，于是他离开了家，离开了给他莫大压力的妻子，走上了命运的另一条路，他要去陈济棠的部队参军。

书的开头就为整本书定下了基调，在灵与肉之间，最先觉醒的似乎永远是肉欲，就像人类对于生存的本能需求。可是在满足了肉体之后，升起的对于自由的渴望，却能让人冲破心中的枷锁。

作者借用这类弗洛伊德式安排，意在写出一种总也难以填满的原欲如何与历史动力相互消长。

那个年月参军实在是再容易不过的事，出了镇子，不到一刻钟的工夫，陆北才就成了陈济棠的兵，虽然没有军衔，但好歹也属于陈济棠部队，他感到万分光荣。

好景不长，1936 年 7 月，陈济棠兵败如山倒，逃往香港。即使是陆北才心中神一样的陈济棠，在乱世中也没法保全自己，小人物陆北才以及他所在的部队都归了陈济棠原手下余汉谋所有。

每次提起那个年月，作为中国人总是有些不忍回顾，因为那代表着一段仓皇的乱世，不仅世道乱，人心也乱，魑魅魍魉层出不穷，社会动荡滋生着人心的邪恶，大过天的人命在那个时期轻薄如纸。

陆北才当时的上司余连长有一回吹嘘自己的时候，就说出了一个让大家都心惊胆寒的事情。他说之前有村子闹麻风病，传染了几百人，上头吩咐他们把那些染病的人全都扔进海里做“鲨鱼点心”。

自诩宅心仁厚的余连长装肚子痛把这个差事给推了，一帮兄弟纷纷感念他的恩德，可是三天后，余连长却被上头抓起来枪毙了。陆北才无意中发现是战友药王坚出卖了余连长，这一发现使他遭到药王坚的背后黑手，死里逃生后跑去香港投奔了同乡哨牙炳。

陆北才遭遇药王坚的重击而不死，实属离奇，作者只用了一句“这就是命”而一笔带过。香港的文化中，似乎充满着对命运的无奈，无论多少抗争，到头来终究会哀叹一声“认命吧”，而这些宿命论，也正是香港文化中神秘的一部分。

其实仔细想来，人们之所以会笃信宿命，是因为缺乏对自身的掌控力。香港百年来经历了割让、殖民，而这一系列的曲折历史，没有一个是它自己能掌握的。当时的香港民众心中有着强烈的不安定感，这种不安让他们刻意回避现实的波澜，转而相信宿命。

陆北才就是这样，宿命般走上了去往香港的路，也揭开了他成为孙兴社龙头的序幕。哨牙炳给他介绍了拉车夫的工作，他在拉车时认识了不少兄弟和吧女姐妹，孙兴社的很多成员都是那时候结交的。

一众姐妹中，最为投缘的就是仙蒂。他非常佩服仙蒂总是能将复杂的故事说得明白动听，口技人一样的仙蒂与同是吧女的佩姬关系暧昧，这吓坏了发现秘密的陆北才。他的人生经历到现在为止，都是被秘密所害，可是仙蒂却坦然告诉他：只要不被别人发现秘密就好。这与药王坚的态度截然相反。

我们对待秘密的方式，其实是我们对于人生的选择。每一刻其实都同时在告别和迎接，这就像是平行世界一样，每个选择，都是一个世界。

学会正确对待秘密的陆北才，在一个傍晚遇见了自己的秘密：英国驻香港的军官张迪臣。

张迪臣负责收集情报工作，而陆北才拉车夫的工作显然是消息极为灵通的，对于张迪臣的那些追问，陆北才有些知道，有些不知道，但即使不知道，亦照样回答。

张迪臣是否真的相信陆北才，我们不得而知，但他一定看到了陆北才对他热切的心，所以等到了自己的住处，他邀请陆北才上去喝一杯，陆北才欣然接受。

所以陆北才与张迪臣在一起，其实是有必然性的。背井离乡、说着外语、面对洋人，这一切都让陆北才觉得与原来的自己仿若两个世界，这样的割裂感让他感到安全，所以才能释放出心中的欲望，敞开自己的秘密。

而这种结果，在书名中就已经有了伏笔，这里需要解释一下：龙头凤尾是打牌九的其中一种发牌方式，将桌上的32张牌搓乱以后，砌叠出一个前高后低的形状，右边高耸代表龙头，左边低垂代表凤尾。

一般都说龙凤配，但陆北才心中想的却是龙凤双全才是完美，而他正在经历这种完美。

完美的滋味让人上瘾，陆北才跟张迪臣见面的次数越来越频繁，每回不只探问信息，预想中的事情都会发生。事后躺在床上或地上，两人聊天。陆北才喜欢听张迪臣说故事，说他的各种经历和他的家庭。

可是两人的身份终究是不对等的，投入的感情也相差甚多。没过多久，陆北才在看到自称回了英国的张迪臣和另一个洋人勾肩搭背出来时，一时激愤的他失手将那个洋人打倒在地。

张迪臣酒醒后交代陆北才赶紧离开，他来为陆北才收拾残局。由此可见，陆北才和张迪臣应该是产生了肉体以外的情感，陆北才感动于张迪臣此时对他的保护，他和张迪臣的爱情见不得天光，他们是异类，是鬼魅。

逃离香港的陆北才回到家乡，拜入“万义堂”，并且想到一个好主意：让万义堂的所有生意都串联起来，在一个地方消费满一定额度，可以在另一个地方打折。

这就不得不让我们感叹陆北才的思维敏捷，在那个时候能够想出这种营销手段，效果自然立竿见影，万义堂收入暴增，远远超过其他堂口，陆北才也被上头的老大夸赞。

能干的陆北才开始被万义堂重用，可他却万般怀念香港，终于还是催着弟弟向堂口的葛五爷问，在香港有没有可以做的事情，他还是想回香港。

在杜月笙的支持下，陆北才去香港招揽了之前的湾仔旧友，又在难民营里招来一批小弟，于是由戴笠亲自取名的“孙兴社”就这样成立起来。

天下洪门本一脉，孙兴社是新堂口，在洪门前辈的指导下才举行了开堂仪式，而他也将名字改北为南，孙兴社的龙头南爷，终于登上了他的舞台。

写到这里，书中的故事和它背后体现的历史背景已经渐渐浮出水面。我们的主人公陆北才可能无法纵观历史地看待问题，但是他却身处这旋涡之中，他的所见所闻、他身边人的经历，就是历史。那时候的香港，有战乱，有台风，天上人间都是威胁。

命运推动所有人卷入历史旋涡，卷走多少离人性命，只留下只言片语。而那些身处其中的人，却是多么绝望与恐惧，我们只能叹一句：世道乱，人命薄如纸。

回到香港的陆南才自觉有资格和张迪臣站在一起，可是在张迪臣问他堂口的事情时，他还是没有把孙兴社得听令于杜月笙的事情告诉他。

这就像戴笠和杜月笙，兵和贼本就合作有间，无法分太清楚，他和现在的张迪臣也是一样。

陆南才并非张迪臣第一个有这种关系的男人，却是第一个这么长久、这么缠绵而深入的人，他让张迪臣得到未曾有的满足，而张迪臣也让陆南才在香港迅速站稳了脚跟。

这个时候，发生的一件事情让两个人的亲密关系开始有了裂痕，继而这裂痕逐渐变大，成为他们爱情中的隔阂。这件事情就是陆南才刺杀《南华日报》社长（林柏生）的失败。

这是杜月笙交代陆南才的事情，他偷偷看了张迪臣的记事本，才知道林柏生的行程。他与张迪臣向来是对对方的事情不问不管，这并非信不信任的问题，而是安全，知道得多，危险便多，不提不说是为了保护对方。

日本占领广州和宝安后，大有随时南下的势头，不断派舰攻击附近海面船只，封锁海域，侵入香港是意料中的事情，只是时间问题罢了。

张迪臣于是更加忙碌了，他是警察部的情报主管，在战争气氛一天比一天浓厚的时候，夜以继日地谋划铺排，陆南才当然被忘到脑后了。

可是陆南才并不在意，他只想在一起的时候能够自由放肆，他们坐着车子在各处游玩亲密。

其实，在他们特殊的关系中，他们都不是傻子，只是有时想要逃避那种确信，真正地活一次，然而纷纷乱世，英雄豪杰趁势而起，幸与不幸各凭天命，又有谁能真正毫无顾忌地过自己的人生呢？

罗富国称病离职，新任港督杨慕琦上任，形势更加危急。而张迪臣开始神龙见首不见尾起来，他将私藏的一些黄金逐渐地交给陆南才保管，因为已经知晓了自己前途未卜。

陆南才从来没想过，自己一直仰望着的神明也会有恐慌的时候，那双诱人的蓝眼睛也可以流泪恳求。陆南才同意了，可是随之发现的是，他的神明似乎倒塌了。

陆南才开始收张迪臣的钱，并且要求张迪臣提供日本的情报，然后将情报选择性地告诉杜月笙，其中就有香港政府对杜月笙很不满的消息。杜月笙根据这个消息做了简单的准备，也算是做了防范，陆南才的孙兴社在湾仔的名望又一次升高。

至此我们大致看出了作者处理《龙头凤尾》的脉络。一方面从江湖会党的角度看待历史转折，一方面白描江湖、历史之外的情山欲海。然而乱世中，爱情只能在江湖中颠沛流离，真正主宰的还是家国命运。

日本人终于还是来到了香港，风雨飘摇中，港督杨慕琦宣布投降，在日本人几次送来劝降书以后，英军终于还是抵抗不住日军的炮火，香港也无法支持殊死抵抗。

哨牙炳给陆南才带来消息，英国佬败了，日本人当家，孙兴社必须积极邀功才能有办法生存，陆南才只能点头同意。

变动越来越激烈，港币禁止流通，有钱也难以买到粮食，必须由政府配给。至于连饭也吃不着的人，只能去吃人。

陆南才要求哨牙炳买通各个集中营的看管，寻找张迪臣，他只要他的神活着，有了盼望，陆南才又重新有了冲动，把日本人交代的事情办妥当，在沦陷的岁月里，等来了张迪臣的消息，他被抗日游击队制伏，需要陆南才去救他。

陆南才欣喜于张迪臣还活着，见了面以后却失望于张迪臣对他客气地感谢帮忙，更失望的是，和张迪臣一起逃出来的还有一个华人阿斌，两人明显有情。

这时候他们爱情的跷跷板已经完全失衡，初时陆南才在下面仰望，现在他在上面俯视，而爱情中身份地位的变化，却是主动权的交接，现在，他占据了绝对优势。

陆南才回来后，直接去了另一个堂口龙头李才训那里，那是个全心全意为日本人办事的龙头。陆南才告诉李才训，有人要逃跑。

陆南才心里的算盘打得非常清楚，他要将阿斌弄死，不能让知道秘密的人留下来多嘴；至于张迪臣，大不了被打一顿，他也机智，又有强大的求生本领，一定能撑到战后，一定会回来拿走那些黄金。

可是世事就是这么无常，陆南才猜到了开头，却没有猜中结尾。

阿斌的确是死了，可是张迪臣也没有活下来。哨牙炳说，阿斌当场就被乱枪打死，张迪臣被俘后被日本人畑津武义折磨死了。

当陆南才颓然跌坐在地上，他找到文身的老师傅，把胳膊上的文身毁了，变成一个疤，掩盖住他曾经的秘密。

然而秘密不需要掩盖，就在陆南才毁了文身的那天，他遭遇空袭而亡。

陆南才死了，在张迪臣死去没多久之后，也许他会想着在地下与张迪臣共谱他的生恋曲，但是张迪臣想必是不愿意的。

从全书中，我们看到了陆南才从乡村少年到堂口龙头的传奇经历，也顺着他的眼光，勾勒出香港的百年状态。

有趣的是，这本书的四个部分，分别是：龙、头、凤和尾，而这四个部分的名称合起来，影射了陆南才在那个时候的禁忌恋情，分开却又体现了书中人物的身份变迁。

第一部分陆南才还没有放开自己受到的束缚，是“龙”的形象；第二部分是说陆南才成为孙兴社的老大，重点是“头”；第三部分在陆南才和张迪臣的交往中，他已经占据了绝对的优势，而此时他却甘愿做凤尾，所以名称和了一个“凤”字。

最后当然是“尾”了，不仅是书的结局，也是书中各人物的结局，更是说出了陆南才最终的那个秘密。

马家辉：
跟你对赌的只有命运

《龙头凤尾》是我自己的书，要解读自己的书，有些尴尬。我总不能说不好看，又不能说太好看，因为说太好看，好像没有什么公信力和说服力。可是我不说它很好看，这样过不了自己的良心。因为我真的觉得它是很好看的小说、很好看的故事。可能因为我是香港的文风，很多内地的读者看不习惯就觉得怪怪的，甚至觉得不好，或者说不够好。假如有这些想法的话，可能是这种文风的书看得不够多，我文笔还是不错的，而且写的故事也非常好看。

我为什么会这么自大呢？

不只是因为这本书出了之后取得了 20 多个荣誉，包括台北书展等小说类的奖，也提名了很多内地文学展的五强，也不仅是因为它卖得好，而是因为我写的时候写哭了。当一个作者写到真情流露的时候，居然写哭了，那表示他真的动了真情，那是真爱，用真爱写出来的书一定是好看的。

《龙头凤尾》怎么好看法？首先说一下这个故事吧，书名就很有意思，龙头凤尾明明是两个东西，却合在同一个人身上。它是讲 20 世纪 30 年代，准确地说是 1936 年到 1943 年的故事，一个香港的老大，他是龙头。可是他跟同性之间有着至深的感情，所以他也是凤尾。

面对他的手下，他是龙头；面对他的情人，他却是凤尾。这个集龙头凤尾于一身的人姓陆，陆南才，他本名陆北才，在广东省某个镇出生，家里做木工，整个镇都是做木工的，他十多岁娶了妻子，可是因为欲求不满，他与妻子之间闹了很多纠纷，最后他被妻子阿娟拿着一根小木棍敲破了头，他就跑去当兵投靠了陈济棠——当时一个南方的军阀。然后他又闯了祸，而且他每次闯祸都是因为他知道了别人的秘密。

每当他知道别人的秘密，就好像有倒霉的事情要发生。接着他就又跑了，从广东跑到香港。1936 年，他在香港拉黄包车，做车夫，在香港湾仔一个旧区（当时不是旧区，现为旧区）拉车，很多客人都是洋人，他和洋人之间发生了暧昧，其中一个跟他暧昧的人中文名字叫张迪臣，是个在香港的英国警察。后来他又闯祸，跑回广州，找他弟弟陆北风，陆北风在广州混洪门堂口，陆北才就跟着他弟弟混。

当时在广州江边很乱，全都是青楼。陆北才在那边看管人，管着很多可怜的姑娘，有抓来的女人和买回来的女孩。后来，陆北才混出了一些名堂，就回了香港。当时日本人快要占领广州了，之后就要攻占香港。当时的很多洪门都受戴笠的控制。陆北才的老大派他来香港另外弄一个堂口，替国民党代理那边收集情报，也配合杜月笙。因为上海已经被日本人占领了，1937 年杜月笙从上海去了香港。陆北才配合杜月笙的工作，在香港变成老大就改名叫陆南才，又叫南天王，在那边搞帮派，他已经不是以前的黄包车车夫了，他用龙头的身份重新去找以前跟他有暧昧的英国警察，张迪臣。

小说中有很多的精彩人物，打麻将出老千的、卖毒品的、开妓院的，都很精彩。还有一个很精彩的人物就是陆南才的好朋友仙蒂——一个酒吧女郎，陆南才是她的闺密，两人经常互吐苦水，她也鼓励陆南才想做的事情就去做，只要守住秘密就好了。陆南才问她："万一我守不住，怎么办？"仙蒂说："也没什么大不了，只不过守住秘密这件事情本身就很过瘾，好像你有秘密不让别人知道会让这件事情更好玩。说句不好听的，妻不如妾，妾不如妓，妓不如偷。当然，这句还有最后一句话说，偷得到不如偷不到，偷不到，你总是心里想着更好的，你懂的！”

陆南才在收集情报的过程里面有很多好玩的事情发生，我把很多历史的故事写了进去，陆南才奉命去杀汉奸，张迪臣也帮了一些国民党的人，因为当时最主要的敌人是日本人，过程非常精彩。我把历史写进去，真真假假，写得真的好像马家辉来重编历史一样，我当然不是为了写历史小说，而是借历史情节丰富了里面想表达的一些感情和想法。和读者一起探讨什么叫忠诚，什么叫背叛，又如何伤害，还有，秘密到底是什么。

关于《龙头凤尾》，我不怕“剧透”，因为“剧透”才好看，电影里剧透你可能觉得没意思，小说“剧透”没关系，因为小说主要是用文字来打动你。我稍稍剧透一下，张迪臣，他虽是英国人，却出卖了英国。

他收了日本人的钱，出卖情报，收了钱之后就拿去请陆南才帮他洗钱，替他收起来。本来陆南才在犹豫，他不想卖国，因为钱是从日本人手里来的，张迪臣以为他不答应，就说了很伤陆南才心的话。他说：“不行，阿才，你一定要答应，我以前帮过你，当初没有我张迪臣，就没有今天的陆南才。”张迪臣觉得他帮过陆南才，陆南才就必须报答他。这样的说法就让陆南才很火大。为什么火大？因为假如我决定帮你，不是因为你帮过我，而是因为我重情。我不仅是现实性的报恩和报答，而是我愿意为你冒险，为你牺牲。

陆南才很不高兴，可是他仍是帮了，因为他想：你可以对我不仁，我不能对你不义，我帮你之后，就等于我们一刀两断了。既然你要那么现实，把我们的关系说成好像报答这么功利，没有其他了，那么，我成全你，我就帮你，因为你帮过我。当然事情没有那么简单，陆南才心里是这样想的，但后来还是跟张迪臣之间有些不可控制、不可预测的事情发生。

最后陆南才死了，死得很惨。每个人在大时代里面都有他们的哀伤，都有他们的秘密，都有他们的取舍、选择，我为什么要把这些背叛、伤害、选择、秘密等放在这样的故事架构里面呢，因为人往往要被逼到绝境，一个无路可退的时候，或说一个比较困难的地步才会要做出严肃的选择。

那什么样的情况才是无路可退的呢？通常就只有几种处境：首先，是死亡，这是战争，在战争中我们每天都面对死亡，那你就要取舍了，为了自己还是为了国家，你要生还是死，你不怕死，你管不管别人的死活，等等。战争的死亡是一种处境，很容易把人性逼出来。

其次，是边缘人的处境，所谓边缘，有时候是指丑与穷，亦可指某种常会被人歧视的身份。比如，酒吧女郎、青楼妓女。比如，黑社会，人家怕你，不表示尊敬你，只是恐惧你而已，恐惧之余，仍是瞧不起你的，一般人总瞧不起黑帮分子。

还有一种处境就是凤尾。在那个年代，只会承认男女关系，也是被放在一个比较困难的社会位置，逼你做出人性的选择，很严苛的选择，严峻的选择，严肃的选择，例如说要不要背叛自己的感受，要不要把自己隐藏起来。

当然还有一种困难处境是，在所谓民族大义原则下，要不要为了一己之利去卖国，你要衡量个人跟社会、个人跟群体之间的关系，所谓小我跟大我之间的矛盾。

我特地把小说情节放置在上述四个困难处境里面，希望突显背叛、忠诚、取舍、坚持等命运议题。

我写了三年，当然酝酿了不止三年，改了十几二十稿，参考了很多材料，我真的是很用力地去写。这部小说，因为有些部分用广东话，有些人说看起来没有那么容易看。但我必须很负责任地告诉你，没有关系的，广东话不多，很多广东话你看一看、想一想就懂了，不仅没有妨碍阅读的乐趣，反而增加了眼界，丰富了阅读的乐趣，因为有广东话，你才看得更痛快、更快乐，也更真实。里面的英雄好汉，男男女女都是广东人，20 世纪 30 年代 40 年代的广东人，甚至现在的香港人，很多人根本不会讲普通话，所以，当然是讲广东话。而且他们还脏话连篇，因为他们是所谓的草根，在日常生活里，当然惯于使用很粗鄙的、粗俗的语言，好像呼吸一样自然简单。我必须把这情况写出来，小说才会生动有力。你只要稍稍用心、专心地看，那一定很快就看懂了，而且这部小说不长，18 万字，看完之后你就也学了一种方言，所以是不用担心的，人要挑战自己阅读的眼界。

我当时动笔写这部小说，就有了一个设定，我希望写出一个哀伤的故事，假如我写完之后有人读了，读完之后他有两种感觉，一种是像看电影，有了看李安的《断背山》那种哀伤的感觉，我便满足。《断背山》有个老人，情人被杀了，他自己也老了，一切回不去了，有一天，他睡醒，睁开眼睛看着窗外的山，断背山，再往房子里面看，看到自己的衣服、情人以前的衣服，还有血在上面。我希望读者有这种《断背山》的观看的哀伤感。

另外，假如读者能从我的小说联想到《倾城之恋》——张爱玲的名著，我也满足。《倾城之恋》也是讲战争，讲香港沦陷战争里的爱情，也很哀伤，假如我的读者看完了这本书同样有读《倾城之恋》的感觉，我便非常快乐。

现在互联网发达，可以在微博上看到读者读后的反应，当然也有人会批评，其他都几乎是一面倒地说好，都说动人哀伤，也提到《断背山》，也提到《倾城之恋》。所以，我觉得我是成功了。而我必须坦白从宽——我这辈子，活了 50 多岁，从来未觉成功过，这是破题儿的第一次。

图书在版编目（CIP）数据

好好读书：名家给年轻人的读书课 / 麦家等著. —北京：北京联合出版公司, 2018.8

ISBN 978-7-5596-2363-8

Ⅰ. ①好… Ⅱ. ①麦… Ⅲ. ①成功心理—通俗读物 Ⅳ. ①B848-49

中国版本图书馆CIP数据核字（2018）第157720号

好好读书：名家给年轻人的读书课

作　　者：麦家等著

责任编辑：孙志文

北京联合出版公司出版

（北京市西城区德外大街83号楼9层　100088）

北京盛通印刷股份有限公司印刷　新华书店经销

字数276千字　880毫米×1230毫米　1/32　10印张

2018年8月第1版　2018年8月第1次印刷

ISBN 978-7-5596-2363-8

定价：48.00元

如发现图书质量问题，可联系调换。质量投诉电话：010-82069336